高等职业教育能源动力与材料大类系列教材

# 电工技术及应用

DIANGONG JISHU JI YINGYONG

- 主 编 董寒冰
- 副主编 吴海燕 陈子元
  舒辉 刘娟

U0240473

重庆大学出版社

## 内容提要

本书阐述了电工技术直流电路和交流电路等主要内容。全书按照"项目驱动"式编写,分为4个项目15个学习任务,主要内容包括简单直流电阻电路分析及应用、复杂直流电阻电路分析及应用、单相正弦交流电路分析及应用、三相正弦交流电路分析及应用,每个任务由理论知识和实践知识组成,各学习任务都有任务实施及任务检查与评价,充分反映职业岗位的技术要求,强调共享性及适用性,提高教学效果。

本书可作为高等院校发电厂及电力系统专业、供用电技术专业、高压输配电线路运行与维护专业、电气自动化技术专业、火电厂集控运行专业、电厂热能动力装置专业、供电服务专业、电力营销工作人员的培训教材或参考用书。

**图书在版编目(CIP)数据**

电工技术及应用/董寒冰主编.--重庆:重庆大学出版社,2020.3(2022.9重印)
ISBN 978-7-5689-2021-6

Ⅰ.①电… Ⅱ.①董… Ⅲ.①电工技术—高等职业教育—教材 Ⅳ.①TM

中国版本图书馆CIP数据核字(2020)第044023号

### 电工技术及应用

主　编　董寒冰
副主编　吴海燕　陈子元　舒　辉　刘　娟
策划编辑:鲁　黎
责任编辑:文　鹏　　版式设计:鲁　黎
责任校对:王　倩　　责任印制:张　策

\*

重庆大学出版社出版发行
出版人:饶帮华
社址:重庆市沙坪坝区大学城西路21号
邮编:401331
电话:(023)88617190　88617185(中小学)
传真:(023)88617186　88617166
网址:http://www.cqup.com.cn
邮箱:fxk@cqup.com.cn(营销中心)
全国新华书店经销
中雅(重庆)彩色印刷有限公司印刷

\*

开本:787mm×1092mm　1/16　印张:12　字数:287千
2020年3月第1版　2022年9月第3次印刷
ISBN 978-7-5689-2021-6　定价:36.00元

# 高等职业教育能源动力与材料大类

## （供电服务）系列教材编委会

实施乡村振兴战略，是党的十九大作出的重大决策部署。习近平总书记指出，"乡村振兴是一盘大棋，要把这盘大棋走好"。近年来，在国家电网有限公司统一部署下，国网湖南省电力有限公司全面建设"全能型"乡镇供电所，持续加大农网改造力度，不断提升农村电网供电保障能力，与此同时，也对供电所岗位从业人员技术技能水平提出了更新更高的要求。

近年来，长沙电力职业技术学院始终以"产教融合"为主线，以"做精做特"为思路，立足服务公司和电力行业需求，大力实施面向供电服务职工的定制定向培养，推进人才培养与"全能型"供电所岗位需求对接，重点培养电力行业新时代卓越产业工人，为服务乡村振兴和经济社会发展提供强有力的人才保障。

**教材**，是人才培养和开展教育教学的支撑和载体。为此，长沙电力职业技术学院把编制适应供电服务岗位需求的教材作为抓好定向培养的关键切入点，从培养供电服务一线职工的角度出发，破解职业教育传统教材与生产实际、就业岗位需求脱节的突出问题。本套教材由长沙电力职业技术学院教师与供电企业专家、技术能手和星级供电所所长等人员共同编写而成，贯穿了"产教协同"的思路理念，汇聚了源自供电服务一线的实践经验。

**以德为先，德育和智育相互融合**。本套教材立足高职学生视角，突出内容设计和语言表达的针对性、通俗性、可读性的同时，注重将核心价值观、职业道德和电力行业企业文化等元素融入其中，引导学生树立共产主义远大理想，把"爱国情、强国志、报国行"自觉融入实现"中国梦"的奋斗之中，努力成为德、智、体、美、劳全面发展的社会主义建设者和接班人。

**以实为体，理论与实践相互支撑**。"教育上最重要的事是要给学生一种改造环境的能力"（陶行知语）。为此，本套教材更加突出对学生职业能力的培养，在确保理论知识适度、实用的基础上，采用任务驱动模式编排学习内容，以"项目＋任务"为主体，导入大量典型岗位案例，启发学生"做中学、学中做"，促进实现工学结合、"教学做"一体化目标。同时，得益于本套教材为校企合作开发，确保了课程内容源于企业生产实际，具有较好的"技术跟随度"，较为全面地反映了专业最新知识，以及新工艺、新方法、新规范和新标准。

　　**以生为本,线上与线下相互衔接。**本套教材配有数字化教学资源平台,能够更好地适应混合式教学、在线学习等泛在教学模式的需要,有利于教材跟随能源电力专业技术发展和产业升级情况,及时调整更新。该平台建立了动态化、立体化的教学资源体系,内容涵盖课程电子教案、教学课件、辅助资源(视频、动画、文字、图片)、测试题库、考核方案等,学生可通过扫描"二维码",结合线上资源与纸质教材进行自主学习,为大力开展网络课堂和智慧学习提供了有力的技术支撑。

　　"教育者,非为已往,非为现在,而专为将来"(蔡元培语)。随着现场工作标准的提高、新技术的应用,本套教材还将不断改进和完善。希望本套教材的出版,能够为全国供电服务职工培养培训提供参考借鉴,为"全能型"供电所建设发展做出有益探索!

　　与此同时,对为本套系列教材辛勤付出的编委会成员、编写人员、出版社工作人员表示衷心的感谢!

　　为了进一步适应高等职业技术教育改革的需要,推进"三教"(教师、教材、教法)改革,提高电力类职院教育质量,提高学生的就业竞争力,国网湖南省电力公司针对电力技术类专业群中各专业人才培养目标,结合后续的专业方向课程、毕业设计、技能鉴定、专升本、工程实际应用需要,编写出贴近生产实际的新时代电力专业教材《电工技术及应用》。

　　教材内容筛选遵循"必需""够用"的原则,强调共享性及适用性。按照各专业课程标准要求和教学进程需要,内容分为4个项目15个学习任务。

　　本书由董寒冰担任主编,吴海燕、陈子元、舒辉、刘娟担任副主编。具体编写分工如下:项目1由长沙电力职业技术学院董寒冰编写、项目2由长沙电力职业技术学院吴海燕编写、项目3由长沙电力职业技术学院陈子元编写、项目4由长沙电力职业技术学院舒辉编写,全书由刘娟统稿。

　　在本书编写过程中,得到了各级领导的大力支持与帮助,在此表示由衷的感谢!

　　由于编写水平所限,书中难免存在不妥与错误之处,恳请读者批评指正。

编　者

2019 年 11 月

# 目 录

# 项目 1　简单直流电阻电路分析及应用

## 【项目描述】

　　使学生熟悉直流电阻电路的组成和相关物理量概念,掌握直流电阻电路分析计算方法,以典型直流电路为载体,能按照电路图接线,运用电工仪表进行测量各项物理量,验证相关定律,通过完成电路参数和典型工作电路的分析和测量,掌握简单直流电路的应用。

## 【项目目标】

　　(1)了解电路概念及分类。
　　(2)熟悉电路的基本物理量及常用电路元件。
　　(3)掌握电流、电压、电位、功率等物理量计算和测量。
　　(4)学会简单直流电阻电路的一般分析方法。
　　(5)会用实验的方法测试电路,验证电路定律。

## 任务 1.1　仪器仪表的使用及电位测量

## 【任务目标】

　　● 知识目标
　　(1)了解电路概念及分类;
　　(2)掌握电路的电流、电压、电位、电动势概念及性质;
　　(3)掌握电路的各物理量分析方法。

● 能力目标

（1）能识读电路图；

（2）能正确按图接线；

（3）能使用电流表、电压表、万用表、电阻箱、滑线电阻器进行电位测量；

（4）能进行实验数据分析；

（5）能完成实验报告填写。

● 态度目标

（1）能主动学习，在完成任务过程中发现问题、分析问题和解决问题；

（2）能与小组成员协商、交流配合完成本次学习任务，养成分工合作的团队意识；

（3）严格遵守安全规范，爱岗敬业、勤奋工作。

# 【任务描述】

班级学生自由组合成若干个实验小组，各实验小组自行选出组长，并明确各小组成员的角色。在电工实验室中，各实验小组按照《Q/GDW 1799.1—2013 国家电网公司电力安全工作规程》、进网电工证相关标准的要求进行电位测量。

# 【任务准备】

课前预习相关知识部分，独立回答下列问题：

（1）电路主要由哪几部分组成？各有何作用？

（2）电路中的理想元件一般有哪些？

（3）电路的类型有哪些？

（4）电路的工作状态有哪几种？

（5）电位与电压有何异同？

# 【相关知识】

## 理论知识

电位是电路物理量中一个十分重要的概念，实用性很强。我们可以通过万用表测量电路中各点电位来分析电路故障,也可以用短路线连接等电位点简化电路。学习时注意区分电位与电压的异同,充分理解参考点的概念。

# 一、电路的类型

1)电路的基本概念

简单的说,电路就是电流流经的路径。实际电路是由一些电气设备和元器件按一定方式连接而成,实现某种功能的电流的通路,它具有传输电能、处理信号、测量、控制、计算等功能。

电路分析的内容就是将实际的电路抽象成电路模型,研究电路模型的规律及电路中的电磁现象,并且用一些物理量,如电流、电压、磁通来描述其中变化的过程。

2)电路的组成

无论是简单电路还是复杂电路,电路一般都由三部分组成:电源、负载和中间环节。

3)电路类型

电路按功能大致可分为两类:

(1)传输和转换电能的电路:如图 1.1.1 所示的电力电路。

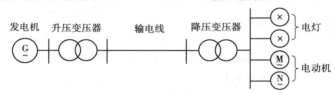

图 1.1.1　电力系统的示意图

电源:提供电能的设备,将其他形式的能量转换为电能,如发电机、电池等。

负载:取用电能的设备,将电能转变为其他形式的能量,如电灯、电动机等。

中间环节:连接于电源和负载之间,起到传输和分配电能的设备,如输电线路、变压器、开关等。

(2)传递和处理信号的电路。

信号源:提供电信号的设备,将其他形式的信号转变为电信号。

负载:接受和转换电信号的设备,将电信号转变为其他形式的信号,如扬声器。

中间环节:连接于信号源与负载之间,用以传递和处理电信号的设备,如放大器。

在电工学中,所产生的电能必须能安全可靠并经济地进行配电并提供给用户,实践中,通常需要以下几种形式的电路:

①直流电路。

②单相交流电路(简称"交流电路")。

③三相交流电路。

# 二、电路元件与电路模型

实际电路器件品种繁多,其电磁特性多元而复杂。如灯泡通电时,既要发光、发热,也会产生微弱的磁场;电感线圈在通过电流时,不仅要产生磁场,同时线圈也会发热;而电容两端加上电压时,不仅在极板间将建立电场,电容器介质也要产生热损耗等。各种电磁现象交织在一起,给分析电路问题带来很大困难。因此将实际元件理想化,采取模型化处理才能获得有意义的分析效果。

1)电路元件概念

为了对电路进行定性分析计算,常常将实际电路元件近似化和理想化,把在一定条件下忽略次要电磁因素,仅考虑其主要电磁特性的理想元件,称为电路元件。

理想电路元件是实际电路器件的理想化和近似,其电特性单一、确切,可定量分析和计算。

理想电路元件主要有电阻元件、电感元件、电容元件、理想电压源、理想电流源。理想元件的图形符号如图 1.1.2 所示。

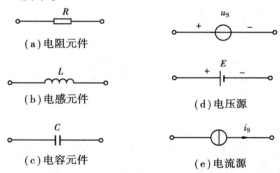

图 1.1.2 理想元件的图形符号

（1）电阻元件:具有消耗电能的电特性。

（2）电感元件:具有储存磁场能量的电特性。

（3）电容元件:具有储存电能的电特性。

（4）理想电压源:输出电压恒定,输出电流由它和负载共同决定。

（5）理想电流源:输出电流恒定,两端电压由它和负载共同决定。

2)电路模型概念

与实体电路相对应、由理想元件构成的电路图,称为实体电路的电路模型。电路模型用国家标准规定的电路元件图形符号代替实际电路器件来绘制,形成原理电路图,简称电路图。

电路图用电路符号表示电路的原理,是电气设备,如电源、用电器、开关、电阻或导线组成的示意图。电路符号只表达出设备的电气特性,对其设计结构并不表达任何信息。如电路图中白炽灯的电路符号总是相同的,与其大小、功能或结构形式无关。电路符号可以放在任何位置,用电路符号可以使电路简单和一目了然。在电路中,电路符号与电路部件彼此相互接在一起,如图1.1.3所示。

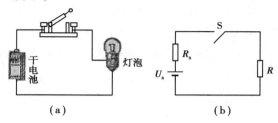

| (a) | (b) |

图1.1.3　实际电路与电路模型

3)电路的三种工作状态

(1)负载状态:电源与负载构成闭合回路。

额定值:各种电气装置规定的长期安全使用的电压、电流、功率等数值。

满载:电气装置处于额定值使用。

超载:电气装置超过额定值使用,会造成装置的损害。

轻载:长期低于额定值使用,将使装置的效率低下或不能正常工作。

(2)断路状态:电源与负载没有构成闭合回路,回路的电流为零。易形成故障或事故。

(3)短路状态:把电路中某一部分的两端用导体直接相连,使这两端的电压为零。短路时电阻为零,会出现比负载状态大得多的电流,造成电源和电气设备烧毁,以及停电等严重事故。

# 三、电流

1)电流的形成

把一个白炽灯接在一个直流电源上,在照明电路中按下开关时,灯泡就会发亮,说明在灯泡中有电流通过,如图1.1.4所示。那么什么叫作电流呢?导体中的自由电子在电场力的作用下,有规则地定向移动就形成电流。

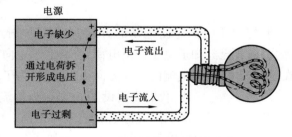

图1.1.4　电流回路中的电子移动

单位时间内通过导体任一横截面的电量,叫电流强度,简称电流,电流单位是安培,符号是A。

$$I = \frac{Q}{t} \tag{1.1.1}$$

导体中运动着的电荷 $Q$ 是基本电荷 $e = 1.602 \times 10^{-19}$ C 的倍数。因此,$Q = 1$ C 是由 $6.242 \times 10^{18}$ 个基本电荷组成。1 A 电流可由电荷和时间来解释。若每秒通过导体横截面的电荷为 1 C,则导体中的电流为 1 A。

**【例 1.1.1】** 闪电时的放电时间 $t = 2$ ms,电荷 $Q = 0.24$ C,请计算:(a)放电时的电流 $I$。(b)计算 2 ms 内的基本电荷数。

**解** (a)$I = \frac{Q}{t} = \frac{0.24 \text{ C}}{0.002 \text{ s}} = 120$ A

(b)$n = \frac{Q}{e} = \frac{0.24 \text{ C}}{1.602 \times 10^{-19} \text{ C}} = 1.5 \times 10^{18}$

对于很大或很小的电流可以像其他物理量一样使用附加单位,常用的电流单位有安(A)、千安(kA)、毫安(mA)、微安($\mu$A)。

附加单位符号见表1.1.1。

表 1.1.1　多倍单位符号与单位

| 标志符 | 吉 | 兆 | 千 | 分 | 厘 | 毫 | 微 | 纳 | 皮 |
|---|---|---|---|---|---|---|---|---|---|
| 符　号 | G | M | k | d | e | m | $\mu$ | n | p |
| 因　数 | $10^9$<br>1 000 000 000 | $10^6$<br>1 000 000 | $10^3$<br>1 000 | $10^{-1}$<br>0.1 | $10^{-2}$<br>0.01 | $10^{-3}$<br>0.001 | $10^{-6}$<br>0.000 001 | $10^{-9}$<br>0.000 000 001 | $10^{-12}$<br>0.000 000 000 001 |

电流的类型可分为直流电流(DC),是同向同大小流动的电流,如电池、蓄电池、电气仪表和电子仪器、示波器、录音机、电视机等电器中的电流都是直流电。电视机虽然输入的是交流电流,但内部经过了整流、滤波后将交流电变换为直流电来工作。

如果电流大小和方向随时间而变化,叫交流电流(AC),用式(1.1.2)来表示:

$$i = \frac{\mathrm{d}q}{\mathrm{d}t}(\text{交流}) \tag{1.1.2}$$

一般工农业生产和日常生活当中的用电设备所用的电流大部分是交流电,如电网、交流发电机、交流电动机等。

2)电流的方向

电流是有流向的,一般规定正电荷定向运动的方向为电流的实际方向,即在电源的外部,规定电流从正极流向负极。已经知道电子带负电荷,所以电子定向运动方向的相反方向才是电流正方向。但在复杂的电路中,电流的实际方向很难判断,为了计算和分析电路的方便,我们先假设某一方向为电流的正方向,人为假设这个方向为电流的参考方向。电流的参考方向可以用以下两种方式表示,如图1.1.5所示。

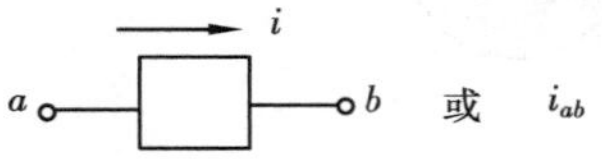

图 1.1.5　电流参考方向的表示方法

在分析计算电路时,必须先选定电流的参考方向,并以此为准来列写电量的关系式。电流的实际方向和参考方向如图 1.1.6 所示:电流数值的正负取决于参考方向的选择,实际方向与参考方向一致时,电流为正值;电流的实际方向与参考方向相反时,电流为负值。

任何电路在未标示参考方向情况下求出的电流正负值都是毫无意义的。

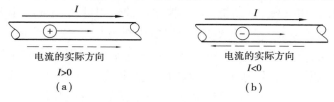

图 1.1.6   电流参考方向与实际方向的关系

3)电流的测量

为了测量电流,应按图 1.1.7 所示串接上电流表。因为电流在没有分路的回路中处处都是相同的,所以可以在任意位置拆开导线。对于直流电,必须注意端子的极性。

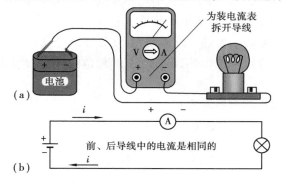

图 1.1.7   电流测量

测量时,电流表串联接于电路中。电流表有直流电流表、交流电流表两种,万用表也可用作电流表使用,如图 1.1.8 所示。

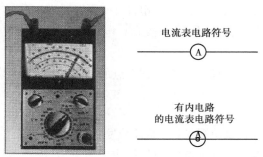

图 1.1.8   作为电流表的万用表

微安表、毫安表、安培表测量前都要先估算要测量的电流范围,以便选择合适的量程。注意:

(1)选内阻尽可能小的表计,误差小。

(2)最好让表的指示大于最大量程的 2/3,且不超过最大量程。

(3)不用手触摸带电部分,不带电切换量程开关,防止开路。

4）电流效应

因为电流本身是看不到的,我们只能辨识其效应。通过实践,我们验证出电流具有热效应,可以应用在电熨斗、煮水器、电热水器、电烙铁、熔断器上。同时电流总是在其周围引起磁效应,这可以应用在电磁铁、电动机、接触器、继电器、测量仪、电铃、耳机、扬声器、开门装置上。电流还会使气体发光,具有光效应,可以应用在荧光灯、发光二极管、白炽灯上。电流还能分解导电液体,具有化学效应,电解、电镀、蓄电池就是利用电流的化学效应工作的。当触及裸露电线时,电流会对人体造成生命威胁,这是电流对生物的生理效应,虽然电流周围有危险,在医疗中人们也可以利用电流的生理效应,做成各种电疗设备治病救人。

5）电流密度

人们发现当白炽灯发光时,通过同一电流的灯泡细灯丝被加热到了白炽状态,而导线却几乎不被加热。这说明虽然每秒通过大截面和小截面的电子数相同,但小截面中流动的高速电子通过强摩擦而变得更热。为了定量描述导体的加热程度,提出了电流密度的概念。

将每平方毫米横截面的电流称为电流密度 $J$。单位:$A/mm^2$。

电流密度越大,导体越容易发热。线圈绕组、变压器或电动机使用的导线不允许持续的电流密度太大,导线的绝缘层不能太热,不能存在燃烧危险,因此,要求导线截面积能承受线路最大的电流。

在墙壁、天花板或地板的布线管或管道中布线时,其电流密度允许比直接铺设在墙壁或灰浆下的绝缘导线或电缆的电流密度小。

# 四、电压

1）电压的产生

电荷在电场中运动需要做功。在一个电路中,首先要有电压才能产生电流。为了衡量电场力对电荷做功的能力,引入电压这一概念。电压的符号用 $U$（或 $u$）表示,单位是伏特,符号是 V。

电场力把单位正电荷从电场中 $a$ 点移到 $b$ 点所做的功,称为两点间电压,即

$$U_{ab} = \frac{W_{ab}}{Q} \tag{1.1.3}$$

产生电压最常用的方式是电磁感应,如各种发电机。

当把不同材质的金属放到导电溶液中就形成了原电池,电池、蓄电池就是利用化学作用产生电压。

当光照到光敏器件上时,电压表显示出直流电压。光敏器件是利用光的辐射能产生电压,如卫星太阳能电源,计算器电池,时钟电源。

当把压力施加到如石英、热电石、酒石酸钾钠等压电晶体上时,利用压电效应可以产生电压,如电唱机、晶体扬声器、压力传感器、煤气点火器。

摩擦绝缘材料或摩擦不导电的液体也可以形成高电压,但塑料薄膜和交通工具却是要

尽量避免静电带电。

2）电压的方向

如果正电荷从 $a$ 点移到 $b$ 点时失去或放出能量,则 $a$ 点为高电位点,$b$ 点为低电位点。反之,正电荷从 $a$ 点移到 $b$ 点时获得或吸收能量,则 $a$ 点为低电位点,$b$ 点为高电位点。习惯上规定,电压的实际方向为由高电位指向低电位,也称为电位降或电压降。

在电路分析时,也往往不知电路中电位的高低,同样要选取电压的参考方向。电压的参考方向表示方法有三种:

（1）用"＋""－"参考极性表示:"＋"极表示高电位点,"－"极表示低电位点。

（2）用箭头表示:箭头指向"＋"极 →"－"极。

（3）用双下标表示:$U_{ab}$ 表示参考方向为从 $a$ 指向 $b$。

当电压的参考方向与实际方向一致时,电压为正（$U > 0$）;电压的参考方向与实际方向相反时,则电压为负（$U < 0$）。如图 1.1.9 所示。

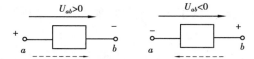

图 1.1.9　电压的参考方向与实际方向的关系

电压具有四个性质:

（1）两点间电压具有唯一确定数值:两点间电压只和位置有关,与移动的路径无关。

（2）电压有大小、方向:电压大小与参考点无关,电压实际方向是由高电位指向低电位。

（3）当电压和电流的参考方向选择一致时,称为关联参考方向。即电流的参考方向是从电压的"＋"极流入,"－"极流出。

（4）沿任一闭合回路走一圈,各段电压的和恒为零。

3）电压的测量

用作电压表的万用表如图 1.1.10 所示。为了测量电压,应按图 1.1.11 所示并接上电压表。电压表并联于电路中,有直流电压表、交流电压表两种。

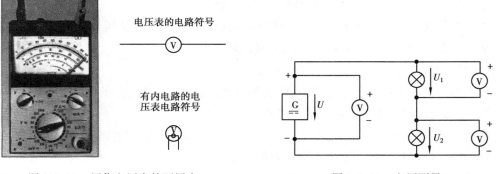

图 1.1.10　用作电压表的万用表　　　　图 1.1.11　电压测量

电压表测量前要先估算电压范围,以便选择合适的量程,如无法估算,先打到最大量程,再慢慢调小。注意:

（1）选内阻尽可能大的电压表，误差小。

（2）最好让表的指示大于最大量程的 2/3，且不超过最大量程。

（3）不用手触摸带电部分，防触电。

（4）测量直流电压时，要注意极性。

4）安全电压规定

电力部门颁发的《电业安全工作规程》规定，对地电压 250 V 及以下的电压为低电压，但这个低电压在发生人身触电时并不是安全电压。一般人体电阻按 1 000 Ω 考虑，而通过人体的危险电流为 50 mA，则人体承受的电压不应超过 $0.05 \times 1\ 000 = 50$（V）。

根据我国的具体条件和环境，规定安全电压额定值的等级有 42 V，36 V，24 V，12 V 和 6 V 五种。

安全电压的选用，要看生产场地的情况而定。

（1）在有触电危险的场所使用的手提式电动工具，电压不大于 42 V。

（2）隧道、有导电粉尘或高度低于 2.5 m 等场所的照明电压及机床局部照明电压，不大于 36 V。

（3）在潮湿和易触及带电体场所使用的移动式灯，电压不大于 24 V。

（4）在特别潮湿场所、导电良好的地面、矿井、锅炉内或金属容器内作业的照明电压，不大于 12 V。

此外，安全电压必须由独立电源（化学电池或与高压无关的柴油发电机）或安全隔离变压器（行灯变压器）供电。安全电压回路应相对独立，与其他电气系统实行电气上的隔离。

# 五、电位

在电路中，电压也就是两点间电位差，即

$$U_{ab} = \varphi_a - \varphi_b \tag{1.1.4}$$

式中，$\varphi_a$ 表示 $a$ 点的电位，电位的符号用 $\varphi$ 或 V 表示。

在电路中通常设定一个基准点，取其为零电位，所以基准点又叫参考电位点或零电位点。某点的电位就是该点相对参考点的电压，即

$$U_{ao} = \varphi_a - \varphi_o = \varphi_a \tag{1.1.5}$$

在电力工程中常选大地为参考点，将各种电气设备的外壳接地，十分可靠和安全。而电子技术中，常选元件汇集的公共导线为参考点。

等电位点：如果两点间电位相等，电压为零，这两点称为等电位点。等电位点之间的支路可以去掉，也可以短路，而不会影响电路的其余部分。

电源设备常常有多个电压输出，如图 1.1.12 所示。全部给定的输出电压都是在其输出与具有 0 V 的基准点之间形成。例如在点 4 的电位 $\varphi_4 = 9$ V，具有不同电位的两点间形成一个电压。具有电位 $\varphi = 9$ V 的点 4 与具有电位 $\varphi = 6$ V 的点 3 间的电压为 $U_{43} = 3$ V。

【例 1.1.2】　计算图 1.1.12 所示电源设备端子 5,2 间电压。

**解**　$U_{52} = \varphi_5 - \varphi_2 = 12\ \text{V} - 3\ \text{V} = 9\ \text{V}$

【例 1.1.3】　如图 1.1.13 所示,$U_{co} = 6\ \text{V}$,$U_{cd} = 2\ \text{V}$,分别以 $c$ 点和 $o$ 点作参考点,求 $d$ 点电位和 $U_{do}$。

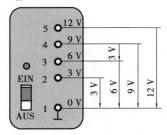

图 1.1.12　【例 1.1.2】图

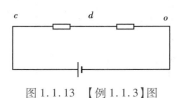

图 1.1.13　【例 1.1.3】图

**解**　$c$ 点作参考点,$\varphi_c = 0$

$U_{cd} = \varphi_c - \varphi_d \Rightarrow \varphi_d = -2\ \text{V}$

$U_{co} = \varphi_c - \varphi_o \Rightarrow \varphi_o = -6\ \text{V}$

$U_{do} = \varphi_d - \varphi_o \Rightarrow U_{do} = 4\ \text{V}$

同理可求出以 $o$ 点作参考点时,$\varphi_d = 4\ \text{V}$,$U_{do} = 4\ \text{V}$。

可见,电路的参考点改变了,各点电位随之而变,但各点间的电压不变。

# 六、电动势

如图 1.1.14 所示,电流若要连续流动,正电荷除了在导线中在电场力作用下,从电源的正极移动到负极,还必须在电源内部有一种力,将正电荷从电源负极移到电源正极,这种力叫电源力。为了衡量电源力推动正电荷做功的能力,引入电动势这一物理量,并定义为:电源力将单位正电荷从电源的负极移动到正极所做的功,称为电源的电动势。即

$$E = \frac{w}{q}（直流）\qquad e = \frac{\mathrm{d}w}{\mathrm{d}q}（交流）\qquad (1.1.6)$$

单位:伏特(V)。

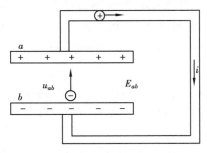

图 1.1.14　电动势

电动势的方向由低电位指向高电位,即电源负极指向电源正极,所以电动势的实际方向

与电压实际方向相反。当选择电压与电动势方向一致时,有 $E = -U$,当选择电压与电动势方向相反时,则 $E = U$,如图 1.1.15 所示。

当不考虑电源内阻,电源电动势大小与电源端电压大小相等,如图 1.1.16 所示为测量电池电动势电路图。

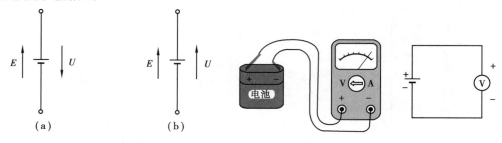

图 1.1.15　选择电压与电动势的方向　　　　图 1.1.16　测量电池电动势

## 实践知识

## 一、万用表的应用

万用表一般可用来测量直流电压、直流电流、交流电压、交流电流和电阻,是电气设备检修、试验和调试等工作中常用的测量工具。一般分为指针式万用表、数字式万用表。

1)指针式万用表

指针式万用表由表头、测量电路及转换开关等主要部分组成。

(1)表头。它是一只高灵敏度的磁电式直流电流表,万用表的主要性能指标基本上取决于表头的性能。表头的灵敏度是指表头指针满刻度偏转时流过表头的直流电流值,这个值越小,表头的灵敏度越高。测电压时的内阻越大,其性能就越好。

(2)测量线路。测量线路是用来把各种被测量转换到适合表头测量的微小直流电流的电路,它由电阻、半导体元件及电池组成,能将各种不同的被测量(如电流、电压、电阻等)及不同量程,经过一系列的处理(如整流、分流、分压等)统一变成一定量程的微小直流电流送入表头进行测量。

(3)转换开关。其作用是用来选择各种不同的测量线路,以满足不同种类和不同量程的测量要求。如图 1.1.17 所示为 MA1H 指针式万用表的外形。

2)数字式万用表

数字式万用表主要由视窗、功能按钮、转换开关和接线插孔等组成,内部为集成电路、电源。如图 1.1.18 所示为 VC9801A 型数字万用表的外形。

图 1.1.17　MA1H 指针式万用表外形　　　　图 1.1.18　VC9801A 型数字式万用表外形

数字式测量仪表目前广泛应用,有取代模拟式仪表的趋势。与模拟式仪表相比,数字式仪表灵敏度高,准确度高,显示清晰,过载能力强,便于携带,使用更简单。

3)指针式万用表的使用方法和步骤

(1)使用方法和步骤。

①熟悉表盘上各符号的意义及各个旋钮和选择开关的主要作用。

②进行机械调零。

③根据被测量的种类及大小,选择转换开关的挡位及量程,找出对应的刻度线。

④选择表笔插孔的位置。

⑤测量电压。测量电压(或电流)时要选择好量程,如果用小量程去测量大电压,则会有烧表的危险;如果用大量程去测量小电压,那么指针偏转太小,无法读数。量程的选择应尽量使指针偏转到满刻度的 2/3 左右。如果事先不清楚被测电压的大小,应先选择最高量程挡,然后逐渐减小到合适的量程。

a.交流电压的测量。将万用表的一个转换开关置于交、直流电压挡,另一个转换开关置于交流电压的合适量程上,万用表两表笔和被测电路或负载并联即可。

b.直流电压的测量。将万用表的一个转换开关置于交、直流电压挡,另一个转换开关置于直流电压的合适量程上,且“+”表笔(红表笔)接到高电位处,“−”表笔(黑表笔)接到低电位处,即让电流从“+”表笔流入,从“−”表笔流出。若表笔接反,表头指针会反方向偏转,容易撞弯指针。

⑥测量电流。测量直流电流时,将万用表的一个转换开关置于直流电流挡,另一个转换开关置于 50 μA ~ 500 mA 的合适量程上,电流的量程选择和读数方法与电压一样。测量时必须先断开电路,然后按照电流从“+”到“−”的方向,将万用表串联到被测电路中,即电流从红表笔流入,从黑表笔流出。如果误将万用表与负载并联,则因表头的内阻很小,会造成短路而烧毁仪表。

⑦测量电阻。用万用表测量电阻时,应按下列方法操作:

a.选择合适的倍率挡。万用表欧姆挡的刻度线是不均匀的,所以倍率挡的选择应使指针停留在刻度线较稀的部分为宜,且指针越接近刻度尺的中间,读数越准确。一般情况下,应使指针指在刻度尺的1/3~2/3。

b.欧姆调零。测量电阻之前,应将2个表笔短接,同时调节"欧姆(电气)调零"旋钮,使指针刚好指在欧姆刻度线右边的零位。如果指针不能调到零位,说明电池电压不足或仪表内部有问题。每换一次倍率挡,都要再次进行欧姆调零,以保证测量准确。

c.读数。表头的读数乘以倍率,就是所测电阻的电阻值。

(2)注意事项。

①在测电流、电压时,不能带电换量程。

②选择量程时,要先选大的,后选小的,尽量使被测值接近于量程。

③测电阻时,不能带电测量。因为测量电阻时,万用表由内部电池供电,如果带电测量则相当于接入一个额外的电源,可能损坏表头。

④使用完毕,应使转换开关在交流电压最大挡位或空挡上。

⑤日常维护注意妥善保管,检查绝缘,定期校验。

4)数字式万用表的使用方法步骤

(1)使用方法和步骤。

①使用前,应认真阅读有关的使用说明书,熟悉电源开关、量程开关、插孔、特殊插口的作用。

②将电源开关置于"ON"位置。

③交、直流电压的测量。根据需要将量程开关拨至"DCV"(直流)或"ACV"(交流)的合适量程,红表笔插入"V/Ω"孔,黑表笔插入"COM"孔,并将表笔与被测线路并联,读数即显示。

④交、直流电流的测量。将量程开关拨至"DCA"(直流)或"ACA"(交流)的合适量程,红表笔插入"mA"孔(<200 mA时)或"10 A"孔(>200 mA时),黑表笔插入"COM"孔,并将万用表串联在被测电路中即可。测量直流量时,数字万用表能自动显示极性。

⑤电阻的测量。将量程开关拨至"Ω"的合适量程,红表笔插入"V/Ω"孔,黑表笔插入"COM"孔。如果被测电阻值超出所选择量程的最大值,万用表将显示"1",这时应选择更高的量程。测量电阻时,红表笔为正极,黑表笔为负极,这与指针式万用表正好相同。因此,测量晶体管、电解电容器等有极性的元器件时,必须注意表笔的极性。

(2)注意事项。

①如果无法预先估计被测电压或电流的大小,则应先拨至最高量程挡测量一次,再视情况逐渐把量程减小到合适位置。测量完毕,应将量程开关拨到最高电压挡,并关闭电源。

②满量程时,仪表仅在最高位显示数字"1",其他位均消失,这时应选择更高的量程。

③测量电压时,应将数字万用表与被测电路并联。测电流时应与被测电路串联,测直流量时不必考虑正、负极性。

④当误用交流电压挡去测量直流电压,或者误用直流电压挡去测量交流电压时,显示屏将显示"000",或低位上的数字出现跳动。

⑤禁止在测量高电压(220 V 以上)或大电流(0.5 A 以上)时换量程,以防止产生电弧,烧毁开关触点。

⑥当显示"BATT"或"LOW BAT"时,表示电池电压低于工作电压。

# 二、使用常用电工仪表进行电位测量

## (一)任务简介

1)任务描述

(1)学会测量电路中各点电位的方法;

(2)掌握直流电流表、直流电压表、万用表、滑线电阻、电阻箱的使用方法。

2)任务要求

电路接好后,合上开关,利用电压表进行各节点电位的测量,并验证参考点选得不同,电路中各点的电位不同,但两点间的电压不变。

3)实施条件

表 1.1.2    电位测量

| 项   目 | 基本实施条件 | 备   注 |
|---|---|---|
| 场地 | 电工实验室 | |
| 设备 | 稳压电源,插座、开关 1 套;电压表、电流表,万用表 | |
| 工具 | 电阻、导线若干 | |

## (二)任务实施

1)电路图

电路图如图 1.1.19 所示。

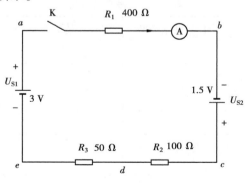

图 1.1.19    电位的测量

2）操作步骤

（1）按图接线。

（2）经老师检查电路后，合上 K。

（3）以 $e$ 点为参考点，测量 $a$、$b$、$c$、$d$、$e$ 点的电位和 $ab$ 两点间的电压 $U_{ab}$，并记录回路电流$I$。

（4）以 $d$ 点为参考点，测量 $a$、$b$、$c$、$d$、$e$ 点的电位和 $ab$ 两点间的电压 $U_{ab}$，并记录回路电流 $I$。

（5）用导线将 $f$、$d$ 点短接，以 $d$ 为参考点，测量各点电位和 $a$、$b$ 间的电压。

3）数据记录

表 1.1.3　数据记录

| 参考点 | 数据 | | | | | | | 计算值 |
|---|---|---|---|---|---|---|---|---|
| | 测量值 | | | | | | | $\varphi_a - \varphi_b$/V |
| | $I$/A | $\varphi_a$/V | $\varphi_b$/V | $\varphi_c$/V | $\varphi_d$/V | $\varphi_e$/V | $U_{ab}$/V | |
| $e$ | | | | | | | | |
| $d$ | | | | | | | | |

4）注意事项

（1）注意直流电流表、电压表的极性，分清电位正负值。

（2）不得随意改变电阻值，以防烧毁电阻箱。

5）思考题

（1）实验测得的电位与计算结果是否相同？如果有误差，是什么原因？

（2）所用电流表、电压表的量限应如何选择？

（3）为什么将等电位点短接，对电路的其余部分不产生影响？

6）检查及评价

表 1.1.4　检查与评价

| 考评项目 | | 自我评估20% | 组长评估20% | 教师评估60% | 小计100% |
|---|---|---|---|---|---|
| 素质考评（20分） | 劳动纪律（5分） | | | | |
| | 积极主动（5分） | | | | |
| | 协作精神（5分） | | | | |
| | 贡献大小（5分） | | | | |
| 实训安全操作规范，实验装置和相关仪器摆放情况（20分） | | | | | |
| 过程考评（60分） | | | | | |
| 总分 | | | | | |

# 任务 1.2　电阻串联、并联的应用

## 【任务目标】

● 知识目标
(1)掌握电阻的串联和并联概念及特点;
(2)掌握电阻的串联和并联应用。
● 能力目标
(1)能识读电路图;
(2)能正确按图接线;
(3)能使用直流稳压电源、电流表、电压表、万用表、电阻箱、滑线电阻器进行电阻测量;
(4)能进行实验数据分析;
(5)能完成实验报告填写。
● 态度目标
(1)能主动学习,在完成任务过程中发现问题、分析问题和解决问题;
(2)能与小组成员协商、交流配合完成本次学习任务,养成分工合作的团队意识;
(3)严格遵守安全规范,爱岗敬业、勤奋工作。

## 【任务描述】

班级学生自由组合为若干个实验小组,各实验小组自行选出组长,并明确各小组成员的角色。在电工实验室中,各实验小组按照《Q/GDW 1799.1—2013 国家电网公司电力安全工作规程》、进网电工证相关标准的要求,进行电阻串并联测量。

## 【任务准备】

课前预习相关知识部分,独立回答下列问题:
(1)电阻有何特性?
(2)如何判断电阻串联?
(3)如何判断电阻并联?
(4)串联电阻有何应用?
(5)并联电阻有何应用?

## 【相关知识】

## 理论知识

# 一、电阻

1）电阻概念

导体或半导体对电流的阻碍作用称为电阻。电阻用字母 $R$ 或 $r$ 表示。

符号为 ▭

电阻的单位为欧姆（简称欧），用符号 $\Omega$ 表示，常用的还有千欧（$k\Omega$）、兆欧（$M\Omega$）。

电阻的倒数叫电导 $G$，$G = 1/R$，单位：西门子（简称西），用符号 S 表示，电阻小的导体电导大，导电性能好。

电阻只要流过电流就会产生热量，消耗电能。所以在实际电路中，只要是在消耗电能，有这种效应存在，在电路模型中都可以用电阻元件来替代，如白炽灯、电炉、电热设备等。

实际的电阻如图 1.2.1 所示，类型依次为金属膜电阻、片状电阻、可调电阻、滑线电阻器、碳膜电阻。

图 1.2.1　电阻实物

其中，比较常用的旋转式可变电阻（电位器）结构形式如图 1.2.2 所示。

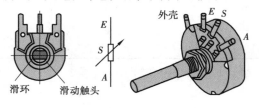

图 1.2.2　电位器结构形式

2）导体电阻

导体的电阻大小与材料有关，决定于导体的尺寸和导体的性质以及导体使用的环境温度，金属电阻都随温度的升高而增大。在一定温度下，一段均匀导线的电阻可由式 1.2.1

计算。

$$R = \rho \frac{L}{S} \qquad\qquad (1.2.1)$$

式中 $L$ 为导线的长度,单位为 m;$S$ 为导线的横截面积,单位是 $mm^2$;$\rho$ 为导体的电阻率,大小规定为在 20 ℃时,长为 1 m,截面积为 1 $mm^2$ 的导体的电阻,单位为 $\Omega \times mm^2/m$。

导线的电阻 $R$ 与电阻率 $\rho$、导线长度 $L$ 成正比,而与导线截面积 $S$ 成反比,见表 1.2.1。

表 1.2.1  导体的电阻

| 材　料 | 导体长度 | 导体横截面 |
|---|---|---|
| 铜　康铜<br>自由电子多　自由电子少 | 2倍长度导线 $\Rightarrow$ 2倍电阻 | 截面积大 $\Rightarrow$ 电阻小<br>截面积小 $\Rightarrow$ 电阻大 |
| 电阻率 $\rho$ 越大,则电阻就越大<br>$R \sim \rho$ | 导线的长度 $L$ 越长,则导线的电阻就越大<br>$R \sim L$ | 导线的截面积 $A$ 越小,则其电阻就越大<br>$R \sim \dfrac{1}{A}$ |
| 导线电阻<br>$[R] = \dfrac{\frac{\Omega \times mm^2}{m} \times m}{mm^2} = \Omega$ | $R = \dfrac{\rho L}{A}$ | $R$——电线电阻<br>$\rho$——电阻率<br>$L$——导线长度<br>$A$——导线截面积 |

电阻率 $\rho$ 的倒数称为电导率 $\gamma$,好的导体,如铜,具有很高的电导率,见表 1.2.2。

表 1.2.2  20 ℃时材料的电阻率和电导率

| 材　料 | 电阻率 $\rho / \left[ \dfrac{\Omega \times mm^2}{m} \right]$ | 电阻率 $\gamma / \left[ \dfrac{m}{\Omega \times mm^2} \right]$ |
|---|---|---|
| 铝(Al) | 0.027 8 | 36.0 |
| 铜(Cu) | 0.017 8 | 56.0 |
| 银(Ag) | 0.016 7 | 60.0 |
| 金(Au) | 0.022 | 45.7 |

3)电阻与温度的关系

把一个金属灯泡和一个碳丝灯泡依次接到 220 V 的电压上,通过测量电压和电流确定其电阻值。我们发现冷金属丝的电阻小,而热金属丝的电阻大,碳丝却相反,其冷态时电阻大,热态时电阻小。

金属的电阻随温度升高而增大,我们把这种材料叫冷导体,反之热态导电好的材料叫热导体。常用温度常数 $\alpha$ 来表示电阻变化的值,也称为温度系数。冷导体为正温度常数,热导体为负温度常数,见表1.2.3。

表1.2.3 材料20 ℃时的温度常数

| 材 料 | $\alpha/(1 \cdot K^{-1})$ | 材 料 | $\alpha/(1 \cdot K^{-1})$ |
|---|---|---|---|
| 铁 | 0.006 57 | 铜 | 0.003 9 |
| 锡 | 0.004 6 | 铝 | 0.004 |
| 铅 | 0.004 2 | 黄铜 | 0.001 5 |
| 锌 | 0.004 2 | 锰 | 0.000 01 |
| 金 | 0.003 98 | 康铜 | 0.000 04 |
| 银 | 0.004 1 | 碳 | − 0.000 45 |

电阻的承载能力与电热的散发能力有关。尺寸越大,则承载力越高,所有电阻的承载能力均与环境温度有关。

## 二、电阻的连接

1)电阻的串联

串联:若干个电阻一个接一个地依次连接起来,构成一条电流通路的连接方式,如图1.2.3所示。

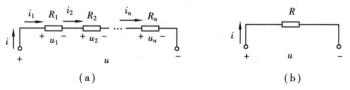

（a） （b）

图1.2.3 电阻的串联

2)电阻串联电路的特点

(1)电阻串联电路中各个电阻流过同一电流。

$$i_1 = i_2 = \cdots = i_n = i$$

(2)电阻串联电路的总电压等于各电阻电压之和。

$$u = u_1 + u_2 + \cdots + u_n$$

(3)电阻串联电路的等效电阻等于各个串联电阻之和。

$$R = R_1 + R_2 + \cdots + R_n$$

（4）电阻串联电路中各电阻上的电压与其电阻值成正比。

分压公式

$$u_k = R_k i = \frac{R_k}{R} u, (k = 1, 2, \cdots n)$$

两个电阻串联电路的分压公式

$$U_1 = \frac{R_1}{R} U$$

$$U_2 = \frac{R_2}{R} U$$

（5）电阻串联电路中各电阻消耗的功率与其电阻值成正比。

$$P_1 : P_2 \cdots : P_n = R_1 : R_2 : \cdots : R_n$$

负载串联连接，若某个负载断路、短路，对其他负载都有影响，电阻串联可应用于限流、调整，分压器。因为电阻串联会产生降压作用，所以长线路输电时端电压会降低，一般为提高传输效率，需要提高电压等级。

注意：直流电路得出的结论同样适用正弦交流电路，但对应于有效值。

【例 1.2.1】　有两只灯泡，一只标明 220 V、60 W，另一只标明 220 V、100 W，若将它们串联起来接于 220 V 的电源上，设灯泡都能发光，试问哪只灯泡亮些？

**解**

$$P = \frac{U^2}{R} \quad R_1 = \frac{U_{1N}^2}{P_{1N}} = \frac{220^2}{60} = 806.67 \ \Omega$$

$$R_2 = \frac{U_{2N}^2}{P_{2N}} = \frac{220^2}{100} = 484 \ \Omega$$

$$P_1 : P_2 = R_1 : R_2 = 806.67 : 484$$

$$P_1 > P_2$$

220 V、60 W 的灯泡亮些。

3）串联电阻应用

利用串联电阻可以分压的特点，当某电压表量程小时无法测量电路中的高电压，可以考虑在电压表的两端串联一个大电阻来扩大电压表的量程。

多量程电压表一般在电压表上串联附加电阻 R，如图 1.2.4 所示。

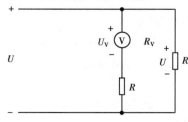

图 1.2.4　电压表扩大量程

$$\frac{U}{R + R_V} = \frac{U_V}{R_V} \Rightarrow \frac{U}{U_V} = \frac{R + R_V}{R_V} = m$$

$m$ 为电压表量程扩大的倍数，$R_V$ 为电压表的内阻，则需串联的分压电阻 $R_f$ 大小为

$$R_f = (m - 1)R_V \tag{1.2.2}$$

**【例 1.2.2】** 一个 10 V 的电压表，内阻为 20 kΩ，若改成 250 V 的电压表，所需串联的电阻为多少？

**解** $R_f = \left(\frac{250}{10} - 1\right) \times 20 = 480(\text{k}\Omega)$

**【例 1.2.3】** 有个表头（仪表测量机构），其满刻度偏转电流为 50 μA，内阻 $R_0$ 为 3 kΩ，如图 1.2.5 所示。若用此表头制成量程为 100 V 的电压表，应串联多大的附加电阻？

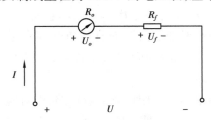

图 1.2.5 【例 1.2.3】图

**解** 附加电阻为

$$R_f = \left(\frac{100}{50 \times 10^{-6} \times 3 \times 10^3} - 1\right) \times 3 = 1.997 \times 10^6(\Omega) = 1\,997(\text{k}\Omega)$$

4）电阻的并联

并联：若干个电阻的两端分别连接起来，构成一个具有二个节点和多条支路二端电路的连接方式，如图 1.2.6 所示。

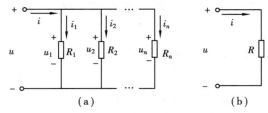

图 1.2.6 电阻的并联

5）电阻并联电路的特点

（1）电阻并联电路中各电阻承受同一电压。

$$u_1 = u_2 = \cdots = u_n = u$$

（2）电阻并联电路的总电流等于各支路电流之和。

$$i = i_1 + i_2 + \cdots + i_n$$

（3）电阻并联电路的等效电阻的倒数等于各个并联电阻的倒数之和，即电阻并联电路的等效电导等于各个并联电导之和。

$$\frac{1}{R} = \frac{1}{R_1} + \frac{1}{R_2} + \cdots + \frac{1}{R_n}$$

$n$ 个电阻并联电路的等效电导为

$$G = G_1 + G_2 + \cdots + G_n$$

两个电阻并联电路的等效电阻为

$$R = \frac{R_1 R_2}{R_1 + R_2}$$

（4）电阻并联电路中各个并联电阻中的电流与其电阻成反比（与其电导成正比）。分流公式为

$$i_k = G_k u = \frac{G_k}{G} i \, (k = 1, 2, \cdots, n)$$

两个电阻并联电路的分流公式

$$I_1 = \frac{R_2}{R_1 + R_2} I$$

$$I_2 = \frac{R_1}{R_1 + R_2} I$$

（5）电阻并联电路中各电阻的功率与其电阻值成反比。

$$P_1 : P_2 : \cdots : P_n = \frac{1}{R_1} : \frac{1}{R_2} : \cdots : \frac{1}{R_n} = G_1 : G_2 : \cdots : G_n$$

上述性质同样适用于正弦交流电路。

负载并联时，各负载自成一个支路，某个电阻值改变，只会使自身的电流改变，不会涉及其他支路，仅使线路的总电流有所改变。因此，供电线路的负载一般采用并联接法。

6）并联电阻应用

利用并联电阻可以分流的特点，当某电流表量程小时无法测量电路中的大电流，可以考虑在电流表的两端并联一个小电阻来扩大电流表的量程。

多量程电流表一般在电流表上并联附加电阻 $R_f$，如图 1.2.7 所示。

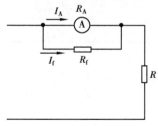

图 1.2.7　电流表扩大量程

$$I = I_A + I_f$$

$$R_A I_A = R_f I_f$$

$$I = I_A + \frac{R_A}{R_f} \cdot I_A = \left(1 + \frac{R_A}{R_f}\right) I_A$$

$\dfrac{I}{I_A} = \dfrac{R_A}{R_f} + 1$ 称为分流比 $n$，$n = \dfrac{I}{I_A}$，可以制作多量程电流表。

用 $n$ 表示电流表量程扩大倍数，$R_A$ 为电流表的内阻，则需并联的分流电阻 $R_f$ 大小为

$$R_f = \frac{R_A}{n-1} \qquad\qquad (1.2.3)$$

如为了把电流表量程扩大 100 倍，分流电阻的阻值应是仪表内阻的 $\frac{1}{100-1}$。

## 实践知识

## 【任务简介】

1）任务描述

（1）学会电阻的串联、并联和混联的接线方法，加深对串联电路和并联电路特点的理解；

（2）掌握滑线电阻器的构造和分压器的接线方法。

2）任务要求

电路接好后，合上开关，利用电压表和电流表测量各支路电流和电压，分析相关数据验证串联电路和并联电路的特点。

3）实施条件

表 1.2.4　电阻串并联测量

| 项　目 | 基本实施条件 | 备　注 |
|---|---|---|
| 场地 | 电工实验室 | |
| 设备 | 稳压电源，插座、开关 1 套；电压表、电流表 | |
| 工具 | 电阻、导线若干 | |

## 【任务实施】

## 一、电阻串联测量

1）电路图（图 1.2.8）

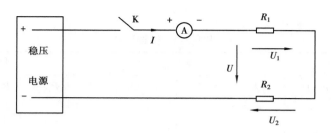

图1.2.8 电阻串联测量

2）操作步骤

①按图1.2.8接线。

②经老师检查电路后，合上K。

③调稳压电源为3 V，按表内给定的$R_1$、$R_2$两种串联情况，测量电流和电压。

3）数据记录

表1.2.5 数据记录

| 串 联 | | 测量值 | | | | 计算值 | | |
|---|---|---|---|---|---|---|---|---|
| $R_1/\Omega$ | $R_2/\Omega$ | $U/V$ | $U_1/V$ | $U_2/V$ | $I/A$ | $P_1/W$ | $P_2/W$ | $P/W$ |
| 300 | 150 | | | | | | | |
| 500 | 150 | | | | | | | |

# 二、电阻并联测量

1）电路图（图1.2.9）

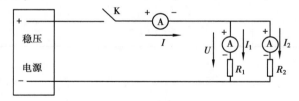

图1.2.9 电阻并联测量

2）操作步骤

（1）按图1.2.9接线。

（2）经老师检查电路后，合上K。

（3）调稳压电源为3 V，按表内给定的$R_1$、$R_2$两种并联情况，测量电流和电压。

3）数据记录

表 1.2.6　数据记录

| 并联 | | 测量值 | | | | 计算值 | | |
|---|---|---|---|---|---|---|---|---|
| $R_1/\Omega$ | $R_2/\Omega$ | $I/A$ | $I_1/A$ | $I_2/A$ | $U/V$ | $P_1/W$ | $P_2/W$ | $P/W$ |
| 300 | 150 | | | | | | | |
| 500 | 150 | | | | | | | |

4）注意事项

（1）防止稳压电源短路。

（2）勿将分压器接错。

5）思考题

（1）串联电路中电压如何分配？

（2）并联电路中电流如何分配？

6）检查及评价

表 1.2.7　检查与评价

| 考评项目 | | 自我评估20% | 组长评估20% | 教师评估60% | 小计100% |
|---|---|---|---|---|---|
| 素质考评（20分） | 劳动纪律（5分） | | | | |
| | 积极主动（5分） | | | | |
| | 协作精神（5分） | | | | |
| | 贡献大小（5分） | | | | |
| 实训安全操作规范,实验装置和相关仪器摆放情况（20分） | | | | | |
| 过程考评（60分） | | | | | |
| 总分 | | | | | |

# 任务 1.3　电阻星形和三角形的等效互换

## 【任务目标】

●知识目标

（1）掌握电阻的混联概念及等效变换；

（2）掌握电阻 Y 形连接和△形连接及其等效变换。
　● 能力目标
（1）能识读电路图；
（2）能正确按图接线；
（3）能使用直流稳压电源、电流表、电压表、电阻箱进行电阻等效互换测量；
（4）能进行实验数据分析；
（5）能完成实验报告填写。
　● 态度目标
（1）能主动学习，在完成任务过程中发现问题、分析问题和解决问题；
（2）能与小组成员协商、交流配合完成本次学习任务，养成分工合作的团队意识；
（3）严格遵守安全规范，爱岗敬业、勤奋工作。

# 【任务描述】

　　班级学生自由组合为若干个实验小组，各实验小组自行选出组长，并明确各小组成员的角色。在电工实验室中，各实验小组按照《Q/GDW 1799.1—2013 国家电网公司电力安全工作规程》、进网电工证相关标准的要求，进行电阻星形和三角形的等效互换测量。

# 【任务准备】

课前预习相关知识部分，独立回答下列问题：
（1）如何求电阻混联等效电路？
（2）Y—△如何进行等效变换？

# 【相关知识】

## 理论知识

## 一、混联电阻等效电路化简

　　实际的电路结构形式是很多的，最简单的电路是只有一个回路；有的电路虽然有多个回路,但能够用电阻串并联等效的方法化简为简单电路。当然,电路中用得最多的还是既有串联也有并联的混联,分析时串并联的公式仍然适用,关键是分清各电阻的串、并联关系,采用逐步合并的方法进行简化电路来减少电阻,一般按照从后向前的所谓"倒推法"最后求出混联的等效电阻。

【例 1.3.1】 计算图 1.3.1 所示电路的等效电阻。

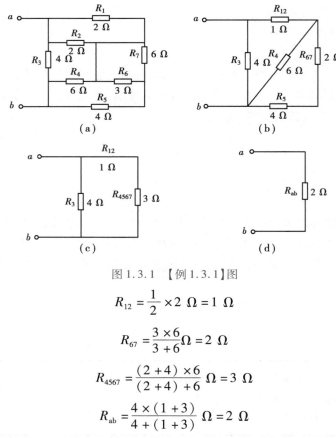

图 1.3.1 【例 1.3.1】图

**解**

$$R_{12} = \frac{1}{2} \times 2 \ \Omega = 1 \ \Omega$$

$$R_{67} = \frac{3 \times 6}{3 + 6} \Omega = 2 \ \Omega$$

$$R_{4567} = \frac{(2 + 4) \times 6}{(2 + 4) + 6} \ \Omega = 3 \ \Omega$$

$$R_{ab} = \frac{4 \times (1 + 3)}{4 + (1 + 3)} \ \Omega = 2 \ \Omega$$

分析混联电路各电阻的串并联关系,关键是找准每个电阻两端的连接点。首尾相接通过同一电流的电阻为串联关系,连接在同一对端点承受同一个电压的电阻为并联关系,判断出各个电阻串并联关系后,就可以利用电阻串并联公式合并电阻,从而简化电路。

## 二、电阻的 Y 形连接和 △ 形连接及其等效变换

电路元件的连接方式除了串联、并联和混联外,还有星形连接和三角形连接。

1)电阻的 Y 形连接和 △ 形连接

电阻的星形(Y 形)连接:将三个电阻中各个电阻的一个端钮连接在一起来构成一个节点,而将它们另一端作为引出端钮的连接方式,如图 1.3.2(b)所示。

　　电阻的三角形(△形)连接:将三个电阻依次一个接一个地连接起来构成一个闭合回路,从三个连接点引出三个端线,以供与外电路连接的连接方式,如图1.3.2(a)所示。

　　2)电阻的 Y 形连接和△形连接等效变换

　　Y 连接和△连接可彼此进行等效变换。所谓等效变换,是指变换前后,对应端的电流不变,对应端间的电压也不变,对外电路来说是等效的。

　　(1)△—Y 等效变换,如图1.3.2 所示。

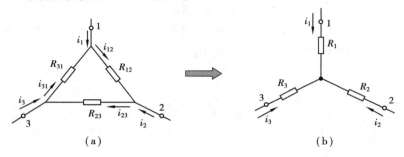

图 1.3.2　△→Y

$$
\begin{cases}
R_1 = \dfrac{R_{31}R_{12}}{R_{12} + R_{23} + R_{31}} \\[3mm]
R_2 = \dfrac{R_{12}R_{23}}{R_{12} + R_{23} + R_{31}} \\[3mm]
R_3 = \dfrac{R_{23}R_{31}}{R_{12} + R_{23} + R_{31}}
\end{cases}
\tag{1.3.1}
$$

$$
星形电阻 = \frac{三角形中相邻两电阻之积}{三角形中各电阻之和}
$$

　　(2)Y—△ 等效变换,如图1.3.3 所示。

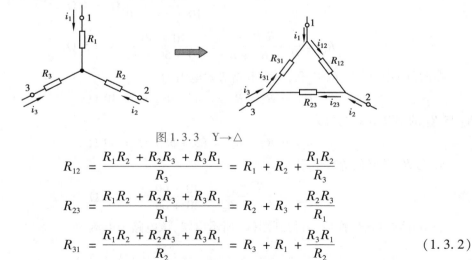

图 1.3.3　Y→△

$$
R_{12} = \frac{R_1R_2 + R_2R_3 + R_3R_1}{R_3} = R_1 + R_2 + \frac{R_1R_2}{R_3}
$$

$$
R_{23} = \frac{R_1R_2 + R_2R_3 + R_3R_1}{R_1} = R_2 + R_3 + \frac{R_2R_3}{R_1}
$$

$$
R_{31} = \frac{R_1R_2 + R_2R_3 + R_3R_1}{R_2} = R_3 + R_1 + \frac{R_3R_1}{R_2}
\tag{1.3.2}
$$

$$
三角形电阻 = \frac{星形中各电阻两两乘积之和}{对面的星形电阻}
$$

如果 Y 连接和△连接的三个电阻相等,称为对称 Y 连接和对称△连接,即

$$R_1 = R_2 = R_3 = R_Y \qquad R_{12} = R_{23} = R_{31} = R_\triangle$$

则

$$R_Y = \frac{1}{3}R_\triangle \qquad\qquad (1.3.3)$$

或

$$R_\triangle = 3R_Y$$

**【例 1.3.2】** 在图 1.3.4(a)所示电路中,已知 $U_s = 225$ V, $R_0 = 1$ Ω, $R_1 = 40$ Ω, $R_2 = 36$ Ω, $R_3 = 50$ Ω, $R_4 = 55$ Ω, $R_5 = 10$ Ω,试求电阻 $R_2$、$R_4$ 的电流。

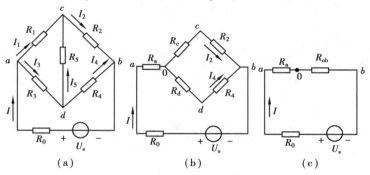

图 1.3.4 【例 1.3.2】图

**解** 将△形连接的电阻 $R_1$、$R_3$、$R_5$ 等效变换为 Y 形连接的电阻 $R_a$、$R_c$、$R_d$,变换后的等效电路如图 1.3.4(b)所示。根据△→Y 变换式,求得

$$R_a = \frac{R_3 R_1}{R_5 + R_3 + R_1} = \frac{50 \times 40}{10 + 50 + 40} \ \Omega = 20 \ \Omega$$

$$R_c = \frac{R_1 R_5}{R_5 + R_3 + R_1} = \frac{40 \times 10}{10 + 50 + 40} \ \Omega = 4 \ \Omega$$

$$R_d = \frac{R_5 R_3}{R_5 + R_3 + R_1} = \frac{10 \times 50}{10 + 50 + 40} \ \Omega = 5 \ \Omega$$

在图(b)中,$R_c$ 与 $R_2$ 串联,串联电路等效电阻为

$$R_{c2} = R_c + R_2 = (4 + 36) \ \Omega = 40 \ \Omega$$

$R_d$ 与 $R_4$ 的串联等效电阻为

$$R_{d4} = R_d + R_4 = (5 + 55) \ \Omega = 60 \ \Omega$$

$R_{c2}$ 与 $R_{d4}$ 并联的等效电阻为

$$R_{ob} = \frac{R_{c2} R_{d4}}{R_{c2} + R_{d4}} = \frac{40 \times 60}{40 + 60} \ \Omega = 24 \ \Omega$$

经串并联等效变换后,可得到图(c)所示电路,该电路中电流为

$$I = \frac{U_s}{R_o + R_a + R_{ob}} = \frac{225}{1 + 20 + 24} \ A = 5 \ A$$

由图(b)所示电路求得电流

$$I_2 = \frac{R_{d4}}{R_{c2} + R_{d4}} I = \frac{60}{40 + 60} \times 5 \ \text{A} = 3 \ \text{A}$$

$$I_4 = \frac{R_{c2}}{R_{c2} + R_{d4}} I = \frac{40}{40 + 60} \times 5 \ \text{A} = 2 \ \text{A}$$

# 实践知识

## 【任务简介】

1）任务描述

（1）学会电阻的 Y 形连接和△形连接的接线方法,加深对电阻的 Y 形连接和△形连接特点的理解;

（2）验证电阻星形连接和三角形连接的等效互换。

2）任务要求

电路接好后,合上开关,利用电压表和电流表测量各支路电流和电压,分析相关数据验证变换前后各节点间的电压不变时,电流也不变。

3）实施条件

表 1.3.1　电阻的 Y 形连接和△形连接等效变换

| 项　　目 | 基本实施条件 | 备　　注 |
|---|---|---|
| 场地 | 电工实验室 | |
| 设备 | 稳压电源,插座、开关 1 套;电压表、电流表 | |
| 工具 | 电阻、导线若干 | |

## 【任务实施】

1）电路图

2）操作步骤

（1）按图 1.3.5 接线。

（2）经老师检查电路后,合上 K。

（3）由图示三角形网络的已知电阻求出星形网络的等效电阻。

（4）根据计算出来的数据,按图示星形网络接线,经老师检查无误后合上 K,测出数据。

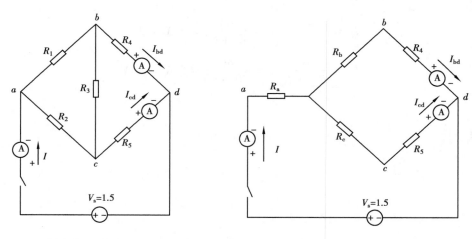

图中 $R_1 = 40 \ \Omega$　$R_2 = 50 \ \Omega$　$R_3 = 10 \ \Omega$　$R_4 = 26 \ \Omega$　$R_6 = 15 \ \Omega$　$V_s = 1.5 \ V$

图1.3.5　电阻的 Y 形连接和△形连接等效变换

### 3）数据记录

表1.3.2　数据记录

| 项目 | 测量值 | | | | | | |
|---|---|---|---|---|---|---|---|
| | $U_s/V$ | $U_{ab}/V$ | $U_{ac}/V$ | $U_{bc}/V$ | $I_{bd}/mA$ | $I_{cd}/mA$ | $I/mA$ |
| 电阻三角形连接 | | | | | | | |
| 电阻星形连接 | | | | | | | |

### 4）注意事项

（1）防止稳压电源短路。

（2）实验时 $V_s$ 保持不变，防止电阻箱烧坏。

### 5）思考题

能否用测量对应任意两端间的等效电阻的办法来验证 Y—△ 连接变换，试说明实验方法。

### 6）检查及评价

表1.3.3　检查与评价

| 考评项目 | | 自我评估20% | 组长评估20% | 教师评估60% | 小计100% |
|---|---|---|---|---|---|
| 素质考评（20分） | 劳动纪律（5分） | | | | |
| | 积极主动（5分） | | | | |
| | 协作精神（5分） | | | | |
| | 贡献大小（5分） | | | | |
| 实训安全操作规范，实验装置和相关仪器摆放情况（20分） | | | | | |

| 考评项目 | 自我评估 20% | 组长评估 20% | 教师评估 60% | 小计 100% |
|---|---|---|---|---|
| 过程考评(60 分) | | | | |
| 总分 | | | | |

# 任务 1.4　电阻伏安特性的测定

## 【任务目标】

● 知识目标

(1)掌握电阻的欧姆定律;

(2)掌握电阻电路电能、功率及效率的概念。

● 能力目标

(1)能识读电路图;

(2)能正确按图接线;

(3)能使用直流稳压电源、电流表、电压表、电阻箱进行电阻伏安特性测量;

(4)能进行实验数据分析;

(5)能完成实验报告填写。

● 态度目标

(1)能主动学习,在完成任务过程中发现问题、分析问题和解决问题;

(2)能与小组成员协商、交流配合完成本次学习任务,养成分工合作的团队意识;

(3)严格遵守安全规范,爱岗敬业、勤奋工作。

## 【任务描述】

班级学生自由组合为若干个实验小组,各实验小组自行选出组长,并明确各小组成员的角色。在电工实验室中,各实验小组按照《Q/GDW 1799.1—2013 国家电网公司电力安全工作规程》、进网电工证相关标准的要求,进行电阻伏安特性的测定。

# 【任务准备】

课前预习相关知识部分,独立回答下列问题:

(1)电阻的欧姆定律正负号有何含义?

(2)如何根据功率正负判断是负载还是电源?

(3)一度电为多少千瓦时?

(4)效率的定义是什么?

# 【相关知识】

## 理论知识

## 一、欧姆定律

理想的电阻元件,其电压、电流方向总是一致,不断消耗电能,是纯耗能元件。在任意时刻,其电压与电流之间的关系可以由平面上的一条曲线来确定,称为电阻的伏安特性曲线。如果电压与电流之间的关系曲线在所有时间都是平面上的一条通过原点的直线,叫线性电阻元件,否则为非线性电阻元件。由线性元件组成的电路叫线性电路。线性电阻元件的图形符号及其伏安特性曲线如图 1.4.1 所示。

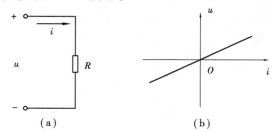

图 1.4.1　线性电阻元件的图形符号及其伏安特性曲线

由电阻的伏安特性曲线可得,电阻元件上的电压、电流关系为即时对应关系,称为电阻的欧姆定律,即

$$U = RI \tag{1.4.1}$$

对于线性电阻元件,当 $U$、$I$ 取关联参考方向时,$U = IR$,如图 1.4.2 所示。

当 $U$、$I$ 取非关联参考方向时,$U = -IR$,如图 1.4.3 所示。

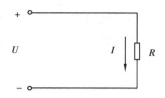

图 1.4.2　UI 取关联参考方向

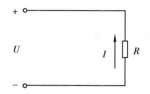

图 1.4.3　UI 取非关联参考方向

以上两式皆为欧姆定律式。

说明:(1)式前的正负号由 $U$、$I$ 参考方向的关系确定;

　　　(2)$U$、$I$ 值本身的正负则说明实际方向与参考方向之间的关系。

通常取 $U$、$I$ 参考方向相同,即取关联参考方向。

# 二、电能

1)电能的获得

电能可以从机械能获得。处于高位置的水具有势能,水推动涡轮机做功,如图 1.4.4 所示,涡轮机驱动发电机便把机械能转化为电能。

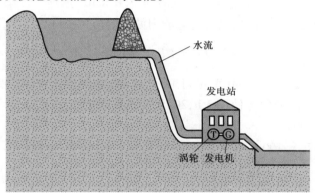

图 1.4.4　水力发电站

电能获得的途径有很多,如图 1.4.5 所示。

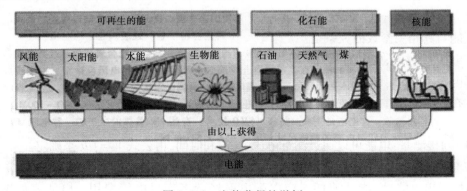

图 1.4.5　电能获得的举例

35

以热电站为例:热电站的任务是把热能转变为电能。热能是由煤、天然气或石油燃烧所生的化学能或由核裂变所生的核能来获得。在蒸汽发电机中,热能把水变为蒸汽,蒸汽推动汽轮机的叶片和叶轮,旋转带动发电机的转子旋转,定子线圈切割磁力线,发电机把机械能转变为电能。

能量既不能产生,也不能消失,只能从一种形式转变为另一种形式。

我们仍然把其他能变成电能的设备称为电源,如发电机、太阳能电池或蓄电池。把电能转变成其他形式能的设备称为用电器,如白炽灯泡、电动机、蓄电池(充电时)。因为电能在转变为如机械能、热能等其他形式能时的损失不大,所以把其称为高效的能类。

2)电能的定义

在一段时间 $t_1 \sim t_2$ 内电场力所做功的总和称为电能 $W$。一般吸收或发出的电能用如下的公式表示:

$$W = \int_{t_1}^{t_2} p\,\mathrm{d}t \qquad\qquad (1.4.2)$$

电能单位:焦耳,简称焦,用符号 J 来表示;

电能用来表示用电量时,功率用千瓦表示,时间用小时,这时电能的单位为千瓦时,即 kW·h,俗称度。

$$1\ \text{度电} = 1\ \text{千瓦时} = 3.6 \times 10^6\ \text{焦耳}$$

直流电路,电阻元件 $t$ 时间内吸收的电能用如下的公式:

$$W = Pt = UIt = RI^2 t = \frac{U^2}{R}t \qquad\qquad (1.4.3)$$

【例1.4.1】 一会议室有100 W 电灯10 只,2 kW 电热器2 台,均在220 V 电压下使用。试求:(a)总电流;(b)每天使用3 h,20 天用了多少电能。

**解** (a)先求总功率

$$P = 100 \times 10 + 2 \times 10^3 \times 2 = 5 \times 10^3\ \text{W} = 5(\text{kW})$$

再求总电流

$$I = \frac{P}{U} = \frac{5\,000}{220} = 22.7(\text{A})$$

(b)所用电能

$$W = Pt = 5 \times 3 \times 20 = 300(\text{kW·h})$$

电能与其相关参数的关系是:

①电压 $U$ 越大,则电能越大。

②电流 $I$ 越大,则电能越大。

③在用电设备中由电网取出电能时间越长,则电能越大。

3)电能的测量

(1)间接测量:电能可以通过测量电压、电流和时间,由公式 $W = UIt$ 来确定。

(2)直接测量:用仅作为计数器的电能表直接测量。计数机构计算出转数并直接以 kW·h指示出电能,电能的消耗者应向配电网经营者交付电能费用。电能表如图1.4.6

所示。

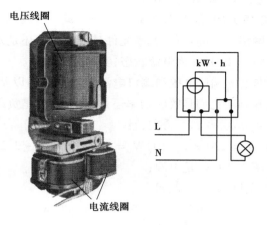

图1.4.6　电能表

# 三、电功率

1)电功率的定义

在电路中,单位时间内电流流过某一电路元件电场力所做的功,就是元件的电功率(简称功率)。电功率的符号用 $P$(或 $p$)表示。

$$P = \frac{W}{t}(直流) \qquad p = \frac{\mathrm{d}W}{\mathrm{d}t}(交流) \qquad (1.4.4)$$

功率的单位用瓦特(简称瓦),用符号 W 表示。常用的还有 kW(千瓦)、MW(兆瓦)、mW(毫瓦)。

电功率就是电能对时间的变化率,对于直流电阻元件,有

$$P = UI = \frac{U^2}{R} = I^2 R \qquad (1.4.5)$$

2)二端电路功率的计算

具有两个引出端钮的电路称为二端电路,也称二端口网络、一端口网络,如图1.4.7所示。

在图1.4.8中,二端网络 N 功率的计算由端口电压 $u$ 和电流 $i$ 参考方向决定。

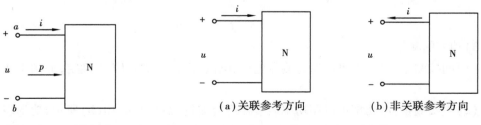

图1.4.7　二端电路

图1.4.8　二端网络

(a)关联参考方向　　(b)非关联参考方向

当 $u$ 和 $i$ 取关联参考方向,如图 1.4.8(a): $p = ui$;

当 $u$ 和 $i$ 取非关联参考方向,如图 1.4.8(b): $p = -ui$。

我们可以根据二端网络功率的正负,判断元件是吸收功率还是发出功率。$p > 0$,元件为负载状态,实际吸收功率;$p < 0$,元件为电源状态,实际发出功率。

**【例 1.4.2】** 二端网络的端口电压和端口电流的参考方向以及它们的取值如图 1.4.9 所示,试求它们的功率,并判断它们是吸收功率还是发出功率;是负载还是电源。

**解** 图(a)因为 $u$ 和 $i$ 取关联参考方向,且
$$p = ui = 220 \times (-10) \text{W} = -2\ 200 \text{W} = -2.2 \text{kW}$$
所以该网络发出功率 2.2 kW,是电源;

图(b)因为 $u$ 和 $i$ 取关联参考方向,且
$$p = ui = (-380) \times (-5) \text{W} = 1\ 900 \text{W} = 1.9 \text{kW}$$
所以该网络吸收功率 1.9 kW,是负载;

图(c)因为 $u$ 和 $i$ 取非关联参考方向,且
$$p = -ui = -220 \times 15 \text{W} = -3\ 300 \text{W} = -3.3 \text{kW}$$
所以该网络发出功率 3.3 kW,是电源;

图(d)因为 $u$ 和 $i$ 取非关联参考方向,且
$$p = -ui = -(-380) \times 20 \text{W} = 7\ 600 \text{W} = 7.6 \text{kW}$$
所以该网络吸收功率 7.6 kW,是负载。

在一个与外界没有联系的电路中,所有电源发出的功率等于所有负载吸收的功率。

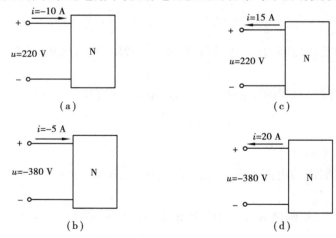

图 1.4.9 例 1.4.2 图

3)功率的测量

(1)间接测量:电功率可以通过测量电压、电流,由公式 $P = UI$ 来确定,如图 1.4.10(a)所示。

(2)直接测量:电功率可以用功率表直接进行测量,如图 1.4.10(b)所示,功率表有 4 个接线柱,其中两个接线柱用作电压测量,而另外两个接线柱则用于电流测量。用功率 $P$ 表示

所施加的电压 $U$ 和所流过的电流 $I$ 的乘积。

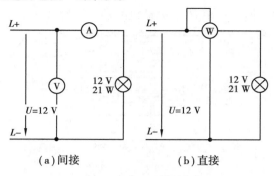

图 1.4.10 功率的间接与直接测量

4）电气设备的额定参数

电气设备在安全工作时所允许的最大电流、电压和电功率,分别叫作电气设备的额定电流(用 $I_N$ 表示)、额定电压(用 $U_N$ 表示)、额定功率(用 $P_N$ 表示)。通常设备的额定参数都标在明显位置。设备应在额定条件下工作,例如电灯长时间工作在高于额定电压的状态下,会缩短其使用寿命或烧毁;若低于额定电压,则不能正常发光。额定参数是选择设备的一个重要依据,如输电导线横截面积的选择必须使所选导线的额定电流高于可能通过的最大电流,电能表的选择也要使所选电能表的额定电流高于最大负荷电流。

**【例1.4.3】** 标有"220 V、60 W"的白炽灯泡,如将该灯泡接入低于额定电压的 110 V 电路中,试计算灯泡的实际功率。如果把该灯泡接入高于额定电压的 380 V 电路中,灯泡的实际功率又为多少? 会出现什么后果?

**解** 220 V 和 60 W 表明该灯泡的额定电压为 220 V,且在 220 V 电压下工作,灯泡消耗的功率为 60 W。由于灯丝电阻为

$$R = \frac{U_N^2}{P_N^2} = \frac{220^2}{60} \ \Omega = 807 \ \Omega$$

在灯泡接入低于额定电压的 110 V 电路时,灯泡的实际功率为

$$P = \frac{U^2}{R} = \frac{110^2}{807} \ W = 15 \ W$$

上式表明,灯泡发光强度不足。

如果把该灯泡接入高于额定电压的 380 V 电路中,灯泡的实际功率为

$$P = \frac{U^2}{R} = \frac{380^2}{807} \ W \approx 179 \ W$$

很显然,灯泡的实际功率远大于额定功率,灯泡会很快烧毁。

# 四、效率

所有的能量转换装置都有副效应,如电动机,电流不仅使电动机绕组发热,而且也使转

子和定子的铁片发热。除此之外,轴承和空气的摩擦也会产生热量。把转换成不希望的副效应的功率损失部分称为损失功率 $P_V$。电动机的功率图解如图 1.4.11 所示。

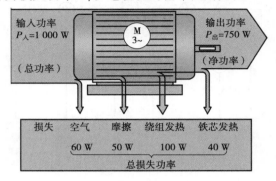

图 1.4.11　电动机的功率图解

效率 $\eta$ 是输出功率与输入功率的比。以小数或百分数表示的效率,因其输入功率大于输出功率,所以其值总是小于 1 或 100%,见表 1.4.1。

表 1.4.1　效率(举例)

| 用电器 | | 效率 $\eta$ | 用电器 | | 效率 $\eta$ |
|---|---|---|---|---|---|
| 三相交流电动机 | 1 kW | 0.75 | 浸入式加热器 | 1 kW | 0.95 |
| 变压器 | 1 kV | 0.90 | 白炽灯泡 | 40 W | 0.15 |

在设备中可进行多种能量形式的转换,如把电能转换为机械能,再转换成具有其他频率或电压的电能,如图 1.4.12 所示,于是得到一个由单个效率相乘的总效率:

$$\eta = \eta_1 \cdot \eta_2$$

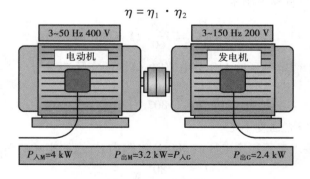

图 1.4.12　变频器

【例 1.4.4】　对图 1.4.12 所示的变频器作以下计算:(a)电动机的效率 $\eta_M$ 和发电机的效率 $\eta_G$;(b)总效率 $\eta$。

　　解　(a) $\eta_M = \dfrac{3.2}{4} = 0.8$;　　$\eta_G = \dfrac{2.4}{3.2} = 0.75$

(b) $\eta = \eta_M \cdot \eta_G = 0.8 \times 0.75 = 0.6$

## 实践知识

## 【任务简介】

1）任务描述

（1）学会测量电路中电压、电流的方法；

（2）掌握直流电流表、直流电压表、万用表、滑线电阻、电阻箱的使用方法。

2）任务要求

电路接好后，合上开关，利用电压表、电流表进行电阻电压、电流的测量，并验证电阻的伏安特性。

3）实施条件

表 1.4.2    电阻伏安特性的测定

| 项    目 | 基本实施条件 | 备    注 |
|---|---|---|
| 场地 | 电工实验室 | |
| 设备 | 稳压电源，插座、开关 1 套；电压表、电流表，万用表 | |
| 工具 | 电阻、导线若干 | |

## 【任务实施】

1）电路图

电路图如图 1.4.13 所示。

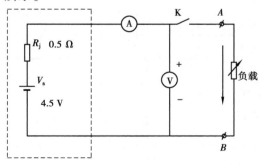

图 1.4.13    电阻伏安特性测量

2）操作步骤

（1）按图 1.4.13 接线。

（2）经老师检查电路后,合上 K。

（3）当图中 AB 两端开路时,读出电压表和电流表的数值,记入表中。

（4）按表中的电阻值测量对应的电压和电流,记入表中。

3）数据记录

表 1.4.3　数据记录

| $R_{AB}$ | $R_j$ | $I/A$ | $U/V$ |
|---|---|---|---|
| ∞ | | | |
| 1 k$\Omega$ | | | |
| 800 $\Omega$ | | | |
| 400 $\Omega$ | | | |
| 200 $\Omega$ | | | |
| 100 $\Omega$ | | | |

4）注意事项

（1）防止稳压电源短路。

（2）改变负载电阻箱的阻值时,应先断开电源。

5）思考题

（1）电源的内阻对其外特性有何影响?

（2）负载电阻的大小对电源外特性有何影响?

6）检查及评价

表 1.4.4　检查与评价

| 考评项目 | | 自我评估20% | 组长评估20% | 教师评估60% | 小计100% |
|---|---|---|---|---|---|
| 素质考评<br>（20分） | 劳动纪律（5分） | | | | |
| | 积极主动（5分） | | | | |
| | 协作精神（5分） | | | | |
| | 贡献大小（5分） | | | | |
| 实训安全操作规范,实验装置<br>和相关仪器摆放情况（20分） | | | | | |
| 过程考评（60分） | | | | | |
| 总分 | | | | | |

# 【习题1】

## 1.1

一、填空题

1.1.1　电路有（　　　）（　　　）（　　　）三种工作状态。

1.1.2　当电路中电流 $I = U_s/R_0$，端电压 $U_s = 0$ 时，此种状态称作（　　　）。

1.1.3　当负载被短路时，负载上电压为（　　　）。

二、选择题

1.1.4　电路是由（　　　）、负载和中间环节三部分组成。

（A）电源　　　　　　（B）电池　　　　　　（C）蓄电池　　　　　　（D）发电机

1.1.5　中间环节的作用是连接电源和负载、传输、（　　　）、分配电能。

（A）断开　　　　　　（B）闭合　　　　　　（C）控制　　　　　　（D）传送

1.1.6　我们把提供电能的装置叫（　　　）。

（A）电动势　　　　　（B）电源　　　　　　（C）发电机　　　　　　（D）电动机

1.1.7　规定（　　　）移动的方向为电流的方向。

（A）正电荷　　　　　（B）电子　　　　　　（C）负电荷　　　　　　（D）中子

1.1.8　电流的实际方向是（　　　）。

（A）电子流的方向　　　　　　　　　　　（B）正电荷运动的方向

（C）负电荷运动的方向

1.1.9　电流表应（　　　）在电路中测量电流。

（A）串联　　　　　　（B）并联

1.1.10　若正电荷由电源的 $a$ 端移至 $b$ 端时，电源力做了正功，则其电动势的方向为（　　　）。

（A）由 $a$ 至 $b$　　　　（B）由 $b$ 至 $a$　　　　（C）无法确定

1.1.11　若 1 C（库）负电荷由电源的负端移至正端时，电源力做了 5 J（焦耳）的功，则 $E = $（　　　）。

（A）5 V　　　　　　（B）−5 V　　　　　　（C）无法确定

1.1.12　电压的实际方向是（　　　）。

（A）电流的实际方向　　　　　　　　　　（B）电位实际升高的方向

（C）电位实际降低的方向

1.1.13　若正电荷由电路中 $a$ 点移至 $b$ 点时放出了能量，则 $a$ 点的电位（　　　）$b$ 点的电位。

（A）高于 （B）低于 （C）等于

1.1.14 电动势的实际方向规定（ ）。

（A）从低电位指向高电位 （B）从高电位指向低电位

（C）任意 （D）以上都不对

1.1.15 已知 $V_A = 5\text{ V}$，$V_B = 10\text{ V}$，则 $U_{ab} = ($ $)\text{V}$。

（A）5 V （B）10 V （C）−5 V （D）−10 V

1.1.16 电压表应（ ）在电路中测量电压。

（A）串联 （B）并联

三、判断题

1.1.17 电炉的电路模型应为电阻元件。 （ ）

1.1.18 当负载被断开时，负载上电流、电压、功率都是零。 （ ）

1.1.19 在电路分析中，对电流的参考方向进行任意假设不会影响计算结果的正确性。
（ ）

1.1.20 电路中任意一点的电位高低与参考点的选择无关。 （ ）

1.1.21 电源电动势的方向规定为正端指向负端，是电源力克服电场力移动单位正电荷做功。 （ ）

1.1.22 参考点变了，电位的值随之而变，但两点间电压不变。 （ ）

1.1.23 等电位点之间的支路，可以去掉，也可以短路，而不会影响电路的其余部分。
（ ）

1.1.24 在电路中，没有电压就没有电流，有电压就一定有电流。 （ ）

1.1.25 参考点也叫零电位点，它是由人为规定的。 （ ）

1.1.26 对于电源，电源力总是把正电荷从高电位移向低电位做功。 （ ）

1.1.27 若 $U_{ab} > 0$，电压的方向为 $a$ 到 $b$。 （ ）

四、计算题

1.1.28 在图所示的部分电路中，试求 $a$，$b$ 两点的电位和电压 $U_{ab}$。

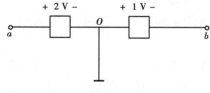

习题 1.1.28 图

1.1.29 如图所示电路，求 $V_A$ 和 $V_B$。

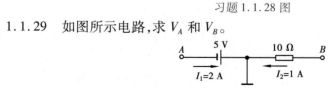

习题 1.1.29 图

1.1.30　电路中的 $a,b,c,d$ 四点,已知 $V_a = 2$ V, $V_b = -1$ V, $U_{ac} = -2$ V, $U_{dc} = -6$ V。求 $V_c$ 和 $V_d$。

## 1.2

一、填空题

1.2.1　电阻元件是一种(　　　　　),当其中有电流流过时,它总是吸收功率,消耗电能。

1.2.2　电阻的倒数称为(　　　　),其单位为(　　　　)。

1.2.3　串联电阻具有(　　　)作用,并联电阻具有(　　　)作用。

1.2.4　串联电阻可以扩大(　　　)量程,并联电阻可以扩大(　　　)量程。

二、选择题

1.2.5　导体对电流的阻碍作用称为电阻,其值与导体长度(　　　)。

(A)相等　　　　　　(B)不相等　　　　　　(C)成正比　　　　　　(D)成反比

1.2.6　几个电阻的两端分别接在一起,承受同一电压,这种连接方式叫电阻的(　　　)

(A)串联　　　　　　(B)并联　　　　　　(C)混联　　　　　　(D)级联

1.2.7　两只额定电压相同的电阻,串联接在电路中则阻值较大的电阻(　　　)。

(A)发热量较大　　(B)发热量较小　　(C)没有明显变化　　(D)不发热

1.2.8　电流表和电压表串联附加电阻后,(　　　)能扩大量程。

(A)电流表　　　　(B)电压表　　　　(C)都不能　　　　(D)都能

1.2.9　电压表的内阻为 3 kΩ,最大量程为 3 V,先将它串联一个电阻改装成一个 15 V 的电压表,则串联电阻的阻值为(　　　)kΩ。

(A)3　　　　　　　(B)9　　　　　　　(C)12　　　　　　　(D)24

1.2.10　有一块内阻为 0.15 Ω,最大量程为 1 A 的电流表,先将它并联一个 0.05 Ω 的电阻则这块电流表的量程将扩大为(　　　)。

(A)3 A　　　　　　(B)4 A　　　　　　(C)2 A　　　　　　(D)6 A

三、判断题

1.2.11　并联电阻具有分流作用,阻值越大的电阻分的电流越大。　　　　　　(　　　)

1.2.12　串联电路中电流处处相等。　　　　　　　　　　　　　　　　　　　(　　　)

1.2.13　若干电阻串联时,其中阻值越小的电阻,通过的电流也越小。　　　　(　　　)

1.2.14　电阻并联时的等效电阻值比其中最小的电阻值还要小。　　　　　　(　　　)

1.2.15　若要扩大电流表的量程,只要在测量机构上串联一个分流电阻即可。　(　　　)

1.2.16　将 $R_1 = 4$ Ω, $R_2 = 6$ Ω 并联,其等效电阻为 10 Ω。　　　　　　(　　　)

四、计算题

1.2.17　有两只电阻,其额定值分别为 100 Ω、5 W 和 40 Ω、10 W,试问:若将它们串联起来,其两端最高允许电压为多大?

1.2.18 一磁电系测量机构的满偏电流为 500 μA,内阻为 200 Ω,若要把它改装成 50 V 量程的直流电压表,应接多大的附加电阻? 该电压表的总内阻是多少?

1.2.19 一块量程为 100 μA,内阻为 1 kΩ 的电流表,如果把它改成一个量程为 3 A 的电流表,应并入多大的电阻?

## 1.3

一、填空题

1.3.1 组成三角形电路的三个电阻阻值均为 9 Ω,现将之改为一等效的星形连接电路,则相应的等效电阻阻值等于( )Ω。

二、判断题

1.3.2 对称 Y 形和对称△形网络等效变换的公式为 $R_Y = 3R_\triangle$。 （ ）

1.3.3 混联电阻等效电路化简,一般按照从后向前的所谓"倒推法"求出混联的等效电阻。 （ ）

1.3.4 Y 连接和△连接可彼此进行等效变换。所谓等效变换,是指变换前后,对内外电路来说是等效的。 （ ）

三、计算题

1.3.5 求如图所示电路的等效电阻 $R_{ab}$。

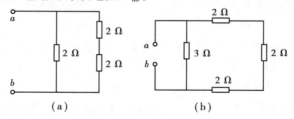

习题 1.3.5 图

1.3.6 求如图所示电路的等效电阻。

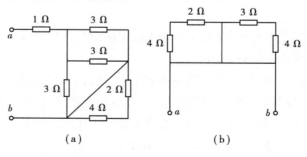

习题 1.3.6 图

1.3.7　求如图所示电路的等效电阻。

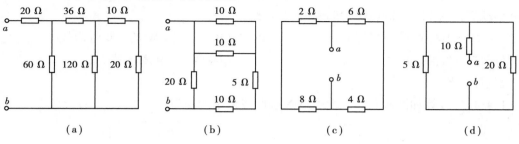

习题1.3.7图

## 1.4

一、填空题

1.4.1　电阻元件的端电压和电流的参考方向一致时,欧姆定律的表达式为(　　　　)。

1.4.2　电阻元件的端电压和电流的参考方向相反时,欧姆定律的表达式为(　　　　)。

二、选择题

1.4.3　在一段电路中,流过导体的电流与这段导体的(　　)成正比。

(A)电阻　　　　　　(B)电位　　　　　　(C)功率　　　　　　(D)电压

1.4.4　要使电阻消耗的功率增加到原来的两倍,应(　　)。

(A)使电阻增加一倍　　　　　　　　(B)使电源电压增加一倍

(C)使电阻减少一倍　　　　　　　　(D)使电源电压减少一倍

1.4.5　在选定了电流或电压的参考方向后,若电流或电压的实际方向与参考方向一致,则电流或电压的值为(　　)。

(A)正　　　　　　(B)负　　　　　　(C)零　　　　　　(D)无法判断

1.4.6　电力系统以"kW·h"作为(　　)的单位。

(A)电流　　　　　　(B)电能　　　　　　(C)电功率　　　　　　(D)电压

1.4.7　一台功率为5 kW的抽水机工作8小时消耗的电能为(　　)。

(A)20 kW·h　　　(B)60 kW·h　　　(C)40 kW·h　　　(D)80 kW·h

1.4.8　电路吸收的有功功率等于各电阻消耗的有功功率之(　　)。

(A)和　　　　　　(B)差　　　　　　(C)无关

1.4.9　如图所示,$u=2$ V,$i=3$ A,则元件所吸收的功率等于(　　)。

(A) −6 W　　　(B)6 W　　　(C) −1 W　　　(D)1 W

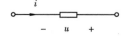

习题1.4.9图

1.4.10　有额定电压 $U_N = 220$ V,额定功率 $P_N$ 分别为 100 W 和 25 W 的两只白炽灯泡,将其串联后接入 220 V 的电源,其亮度情况是(　　　)。

(A) $P_N = 100$ W 的白炽灯泡较亮　　　　　(B) $P_N = 25$ W 的白炽灯泡较亮

(C) 两只灯泡一样亮　　　　　　　　　　(D) 两只灯泡都不亮

三、计算题

1.4.11　计算如图所示各二端电路 N 吸收或发出的功率。

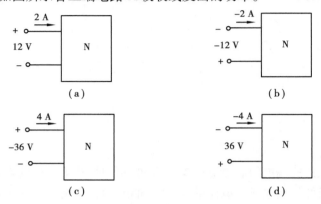

习题 1.4.11 图

1.4.12　图中,已知 $U = 3$ V, $I = -2$ A,试问哪些方框是电源,哪些方框是负载?

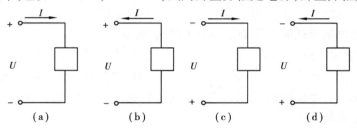

习题 1.4.12 图

1.4.13　一电阻元件的铭牌上标有"500 Ω,5 W",试求其允许通过的电流和两端的电压。

1.4.14　试求下列灯泡在正常工作时的电阻:

(1) 15 W,220 V　　　(2) 15 W,110 V　　　(3) 40 W,220 V　　　(4) 40 W,110 V

1.4.15　有额定电压 $U_N = 220$ V,额定功率 $P_N$ 分别为 100 W 和 25 W 的两只白炽灯泡,将其并联后接入 220 V 的电源,其亮度情况怎样?

1.4.16　如图所示,$U = 120$ V,$R_1 = 30$ Ω,$R_2 = 10$ Ω,$R_3 = 20$ Ω,$R_4 = 15$ Ω,求 $I_1$、$I_2$、$I_4$、$U_1$ 和 $U_4$。

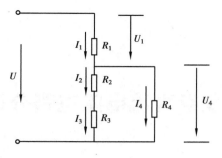

习题 1.4.16 图

1.4.17    如图所示,电路中的总功率是 400 W,求 $r_x$ 及各个支路电流 $I$($R$ 取整数,$I$ 保留两位小数)。

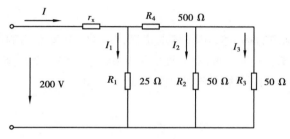

习题 1.4.17 图

1.4.18    试求 2 kW,200 V 的电炉正常工作时的电流。如每天使用 3 h(时),一个月(30 天)用去多少电能(kW·h)?

# 项目 2　复杂直流电阻电路分析及应用

## 【项目描述】

本项目主要介绍电路的基本知识和基本定律,使学生了解不同的电路元件的变量之间具有不同的约束,熟练掌握电路中的相关概念和电路基本定律,通过电路等效变化等,将一个复杂电路变换为简单电路,并能对电路进行分析和计算。

## 【项目目标】

(1)了解电阻电路的一般分析法。

(2)熟悉如何通过电路的等效变换将一个复杂电路变换为简单电路。

(3)能在实际电路中运用电路基本定律求解未知电流、电压。

(4)熟练掌握使用定理在不改变电路结构的情况下建立电路变量的方程。

(5)会用实验的方法测试电路,验证电路定律。

## 任务 2.1　基尔霍夫定律的验证

## 【任务目标】

● 知识目标

(1)掌握基尔霍夫电流定律和电压定律的概念;

(2)掌握电流、电压参考方向与实际方向的区别;

(3)通过支路电流法的学习,掌握电路网络中各个术语的含义。

● 能力目标

(1)能识读电路图;

(2)能按图正确接线;

(3)能根据实验数据做出正确分析;

(4)能在实际电路中运用基尔霍夫电流、电压定律分析电路。

● 态度目标

(1)能主动学习,在完成任务过程中发现问题、分析问题和解决问题;

(2)能与小组成员协商、交流配合完成本次学习任务,养成分工合作的团队意识;

(3)能养成严谨细致的作风,提高逻辑思维能力。

## 【任务描述】

通过验证实验,学习基尔霍夫定律,会用基尔霍夫定律进行复杂电路分析,班级学生自由组合为若干个实验小组,各实验小组自行选出组长,并明确各小组成员的角色。在电工实验室中,各实验小组按照《Q/GDW 1799.1—2013 国家电网公司电力安全工作规程》、进网电工证相关标准的要求,进行基尔霍夫定律的验证实验。

## 【任务准备】

课前预习相关知识部分,独立回答下列问题:

(1)只有导线没有元件的一段电路算支路吗?

(2)基尔霍夫定律所描述的关系是否与电路元件的性质有关?

(3)KCL 体现了电路的什么重要规则?

(4)如何求解一个复杂电路的开口处电压?

## 【相关知识】

## 理论知识

电路元件的伏安关系反映元件本身的电压与电流关系,是元件上的电压与电流的约束关系。在电路的分析当中,除了元件的约束关系之外,各支路和元件按不同的方式连接之后,各支路电压和各支路电流也存在着相互约束的关系。基尔霍夫定律就是描述这些支路之间的电压和电流约束关系的基本定律,是德国科学家基尔霍夫在 1845 年提出,它包含两条内容,分别为基尔霍夫电流定律和基尔霍夫电压定律。

# 一、常用电路术语

电路分析过程中,有许多专用的术语需要掌握。

1)平面电路

平面电路是可以画在一个平面上,而又没有任何两条支路在非节点处交叉的电路。图 2.1.1 所示电路就是平面电路。

2)支路

支路是电路中流过同一电流的每一个分支。通过支路的电流称为支路电流,支路两个端点之间的电压称为支路电压。图 2.1.1 所示电路中有三条支路:$acb$、$ab$、$adb$。

3)节点

节点是电路中三条或三条以上支路的连接点。图 2.1.1 所示电路中有 $a$ 和 $b$ 两个节点。在现代电路理论中,支路与支路之间的连接点,即元件之间的连接点,称为节点。如此定义,图 2.1.1 所示电路中 $a$、$b$ 均为节点。

4)回路

回路是电路中由若干条支路构成的闭合路径。图 2.1.1 所示电路中有三个回路:$abca$、$adba$、$adbca$。

5)网孔

在平面电路中,内部不存在支路的回路为网孔。图 2.1.1 所示电路中回路 $abca$ 和 $adba$ 为网孔。

# 二、基尔霍夫电流定律(简称 KCL)

基尔霍夫电流定律又称为基尔霍夫第一定律,它反映电路中任一节点的各支路电流的关系。

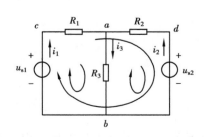

图 2.1.1　基尔霍夫定律的说明

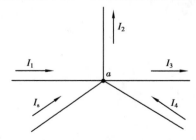

图 2.1.2　KCL

图 2.1.2 所示为电路的一个节点,支路电流 $I_1$ 和 $I_4$、$I_5$ 流入节点,$I_2$ 和 $I_3$ 从节点流出。KCL 指出,在任何时刻,流入节点的电流的总和等于从节点流出的电流的总和,用数学式表示为

$$I_1 + I_4 + I_5 = I_2 + I_3$$

如果把所有电流项移至等号左边,则有

$$I_1 - I_2 - I_3 + I_4 + I_5 = 0$$

或写成

$$\sum I = 0 \tag{2.1.1}$$

式(2.1.1)就是 KCL 的表达式,内容为:在任何时刻,连接于同一节点的各支路电流的代数和等于零。

KCL 适用于电路的节点,也可推广应用于电路中的任一假设封闭面。如对图 2.1.3 所示的封闭面 S(也称为广义节点),可列写 KCL 方程为

$$I_A + I_B + I_C = 0$$

又如图 2.1.4 中,两网络 $N_1$ 和 $N_2$ 之间只有一条导线相连,连线上的电流 $I$ 等于多少呢?我们只有一个封闭面 S 包围住 $N_2$,再对封闭面列写 KCL 为

$$I = 0$$

可见,两网络间的单根连线上没有电流。

KCL 体现了电路的一个重要的规则:电流是连续的,只能在闭合的回路中流动。

【例 2.1.1】　求图 2.1.5 所示电路中的 $i_1 + i_2 + i_3$ 的数值。

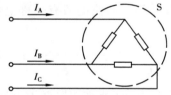

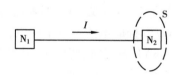

图 2.1.3　广义节点　　　　　　　　　图 2.1.4　两网络间的单根连线

**解**　对虚线所示封闭面列 KCL 方程,得

$$I_1 + I_2 + I_3 = 0$$

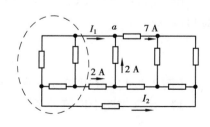

图 2.1.5　【例 2.1.1】图　　　　　　　图 2.1.6　【例 2.1.2】图

【例 2.1.2】　求图 2.1.6 所示电路中的电流 $I_1$ 和 $I_2$。

**解**　本题所涉及的基本定律就是基尔霍夫电流定律。基尔霍夫电流定律对电路中的任

意节点适用,对电路中的任何封闭面也适用。本题就是 KCL 对封闭面的应用。

对于节点 $a$,有:$I_1 + 2 - 7 = 0$

对封闭面有:$I_1 + I_2 + 2 = 0$

$I_1 = 7 - 2 = 5(\text{A})$,$I_2 = -5 - 2 = -7(\text{A})$

# 三、基尔霍夫电压定律(简称 KVL)

基尔霍夫电压定律又称为基尔霍夫第二定律,简称 KVL,是描述电路中任一回路中各元件电压之间关系的定律。

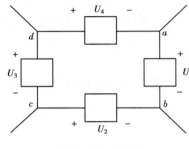

图 2.1.7　KVL

图 2.1.7 所示为复杂电路中的一个回路(其他部分未画出),如果从 $a$ 点出发,沿 $a$—$b$—$c$—$d$—$a$ 绕行时,电位有时降低,有时升高。但绕行一周,回到出发点 $a$,电位的数值不会改变。也就是说,沿回路绕行一周,电压降的总和等于电压升的总和,即

$$u_1 + u_4 = u_2 + u_3$$

若把所有的电压项都移至等号左边,则有

$$u_1 - u_2 - u_3 + u_4 = 0$$

写成一般式为
$$\sum U = 0 \qquad\qquad (2.1.2)$$

基尔霍夫电压定律可以表述为:任一时刻,沿电路任一回路的所有元件电压的代数和等于零,即式(2.1.2)就是 KVL 的表达式。

列写 KVL 方程应该注意以下两点:

(1)列写 KVL 方程时,要确定"代数和"中的正负号。

(2)确定正负号的方法如下:任意选定一回路绕行方向(或称回路参考方向,一般取顺时针方向),凡支路电压的参考方向与回路的绕行方向一致者,电压前面取"＋"号;凡支路电压的参考方向与回路的绕行方向相反者,电压前面取"－"号。

【例 2.1.3】　在图 2.1.8 所示的电路中,对各回路列写 KVL 方程。

**解**　通常,电路中的电阻电压由电阻及其电流的乘积表示,则图 2.1.7 对应 KVL 方程也可以表示为

$$R_1 I_1 - R_2 I_2 + U_{s2} + U_{s1} = 0$$

$$RI + R_2 I_2 - U_{s2} = 0$$

【例 2.1.4】　在图 2.1.9 所示电路中,若以 $f$ 点作为参考点,试计算 $c$、$d$ 两点的电位。

**解**　5 Ω 支路上电流为零。

$$I_1 = \frac{12}{2+4} = 2 \text{ A}$$

$$I_2 = \frac{6}{1+2} = 2 \text{ A}$$

$$V_c = U_{cf} = U_{af} + U_{ba} + U_{cb} = 12 - 2 \times 2 + 0 = 8 \text{ V}$$

$$V_d = U_{df} = U_{dc} + U_{cb} + U_{ba} + U_{af} = 2 \times 1 + 0 - 2 \times 2 + 12 = 10 \text{ V}$$

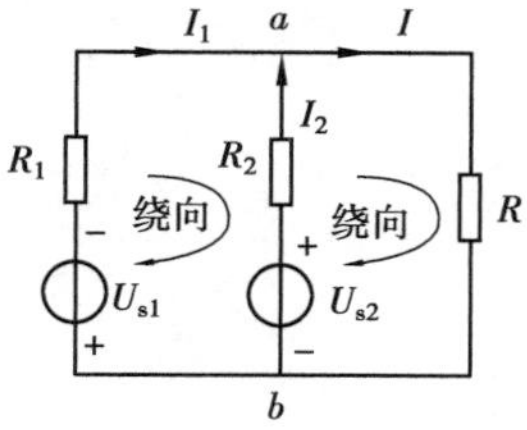

图 2.1.8　【例 2.1.3】图 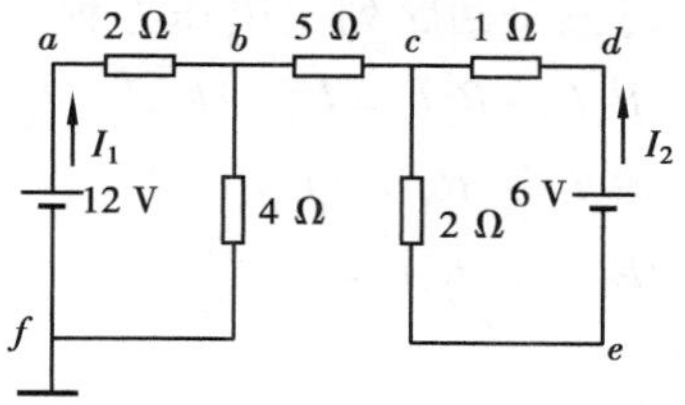　　　　　　　图 2.1.9　【例 2.1.4】图

使用基尔霍夫定律列写方程时应该注意的要点:

(1) $n$ 个节点可以列写出 $n$ 个 KCL 方程,但只有 $n-1$ 个方程具有独立性。

(2) $L$ 个回路可以列写 $L$ 个 KVL 方程,但只有 $b-n+1$ 个 KVL 方程具有独立性($b$ 为支路数)。

(3) 基尔霍夫定律用于集总参数的线性和非线性电路。定律列写的方程仅与电路结构有关,与元件性质无关。

基尔霍夫定律具有普遍的适用性,与电路元件的性质无关。它适合于有任何元件所构成的任何结构的电路,电路中的电压和电流可以是恒定的,也可以是任意变化的,但不适合于分布参数电路。

# 四、支路电流法

在分析计算复杂电路时,单独运用欧姆定律、基尔霍夫电压定律或基尔霍夫电流定律,往往很难直接求得电路的电压和电流。那么,能否找到一些普遍适用于复杂电路的电路分析方法呢? 答案是肯定的。

支路电流法就是计算复杂电路的方法中的一种最基本的方法。所谓支路电流法,就是以支路电流为待求量,根据基尔霍夫电流定律和基尔霍夫电压定律,分别列出电路的节点电流方程和回路电压方程,然后联立求解方程组,从而求出未知量的一种方法。

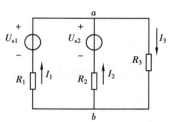

图 2.1.10　支路电流法

下面通过对图 2.1.10 所示电路的分析,介绍支路电流法的思路和解题步骤。图中电压源和电阻已给定,任意选定三个支路电流的参考方向并标在图中。

应用 KCL,对节点 $a$ 和 $b$ 列出电流方程为

$$\text{节点 } a \qquad I_1 + I_2 - I_3 = 0$$

$$\text{节点 } b \qquad -I_1 - I_2 + I_3 = 0$$

两个方程相差一个负号,说明只有一个方程是独立的。

结论：

对于具有 $n$ 个节点的电路,其独立 KCL 方程的数目为 $(n-1)$ 个。

应用 KVL,对三个回路列出电压方程

左网孔　　　$R_1 I_1 - R_2 I_2 = U_{s1} - U_{s2}$

右网孔　　　$R_2 I_2 + R_3 I_3 = U_{s2}$

大回路　　　$R_1 I_1 + R_3 I_3 = U_{s1}$

结论：

对具有 $b$ 条支路、$n$ 个节点的电路应用 KVL,能够且只能够列出 $b-(n-1)$ 个独立的 KVL 方程。

对于平面电路,选择网孔作为独立回路。

选择上述三个独立的方程,联立求解即可得出各支路电流。

结合上面的分析,利用支路电流法求解电路各支路电流的一般步骤是：

(1)确定电路的支路数 $b$、节点数 $n$ 和独立回路数 $l$；

(2)标出各支路电流的参考方向；

(3)对电路中 $n-1$ 个独立节点应用 KCL,列出节点电流方程；

(4)选取 $b-n+1$ 个独立回路(网孔),应用 KVL 列出网孔电压方程；

(5)联立求解上述 $b$ 个独立方程,求得各支路电流；

(6)代入原方程组,检验计算结果。

支路电流法的优点在于思路清晰,方法简单；缺点在于当支路数较多的时候,方程数量多,计算繁琐。现举例说明解题过程。

【例 2.1.5】　如图 2.1.11 所示,已知：$E_1 = 15$ V,$E_2 = 65$ V,$R_1 = 5$ Ω,$R_2 = R_3 = 10$ Ω。试用支路电流法求 $R_1$、$R_2$ 和 $R_3$ 三个电阻上的电压。

**解**　在电路图上标出各支路电流的参考方向,如图所示,选取绕行方向。应用 KCL 和 KVL 列方程如下

$$I_1 + I_2 - I_3 = 0$$
$$I_1 R_1 + I_3 R_3 = E_1$$
$$I_2 R_2 + I_3 R_3 = E_2$$

代入已知数据得

$$I_1 + I_2 - I_3 = 0$$
$$5I_1 + 10I_3 = 15$$
$$10I_2 + 10I_3 = 65$$

解方程可得：

$$I_1 = -\frac{7}{4} \text{ A}, I_2 = \frac{33}{8} \text{ A}, I_3 = \frac{19}{8} \text{ A}$$

三个电阻上的电压电流方向选取一致,则三个电阻上的电压分别为

$$U_1 = I_1 R_1 = -\frac{7}{4} \times 5 = -\frac{35}{4} (\text{V})$$

$$U_2 = I_2 R_2 = \frac{33}{8} \times 10 = \frac{165}{4} (\text{V})$$

$$U_3 = I_3 R_3 = \frac{19}{8} \times 10 = \frac{95}{4} (\text{V})$$

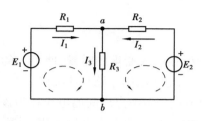

图 2.1.11  【例 2.1.5】图

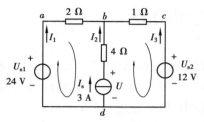

图 2.1.12  【例 2.1.6】图

**【例 2.1.6】**  用支路电流法求示图 2.1.12 电路中各支路电流。

**解**  方法一:增设电流源电压为未知变量。

（a）设电路中的电流源电压为 $U$,支路电流分别为 $I_1$、$I_2$、$I_3$;选择它们的参考方向选择如图所示。

（b）根据电流的参考方向,确定电流源所在支路的电流为 $I_2 = I_s = 3$ A。

（c）对电路中的独立节点 $b$ 应用 KCL,得

$$I_1 + I_2 + I_3 = 0$$

（d）选择网孔作为独立回路,选择回路绕行方向如图所示,对两网孔应用 KVL,得

$$2I_1 - 4I_2 + U = 24$$
$$4I_2 - I_3 - U = -12$$

（e）联立求解上述方程

$$\left. \begin{array}{l} I_1 + I_2 + I_3 = 0 \\ 2I_1 - 4I_2 + U = 24 \\ 4I_2 - I_3 - U = -12 \\ I_2 = 3 \end{array} \right\}$$

求得:

$$I_1 = 3 \text{ A}, I_2 = 3 \text{ A}, I_3 = -6 \text{ A}$$

方法二:避开电流源所在支路,选择不含电流源的回路作为独立回路,列写 KVL 方程。

（a）根据电流的参考方向,确定电流源所在支路的电流为

$$I_2 = I_s = 3 \text{ A}$$

（b）对电路中独立节点 $b$ 应用 KCL,列写 KCL 方程为

$$I_1 + I_2 + I_3 = 0$$

（c）对电路中不含电流源的独立回路 $abcda$ 应用 KVL,列写 KVL 方程为

$$2I_1 - I_3 + 12 - 24 = 0$$

（d）联立求解上述方程求得

$$I_1 = 3 \text{ A}, I_2 = 3 \text{ A}, I_3 = -6 \text{ A}$$

## 五、节点电压法

支路电流法解题时同时应用了 KCL 和 KVL，如果在引入变量的时候，使引入的变量先满足 KVL，就只需列关于变量的 KVL 方程即可，而节点电压法的思路与此类似。

电路中，如果任选一个节点作为参考点，则其他节点到参考点之间的电压称为该节点的节点电压。以节点电压为未知量，应用 KCL 写出各独立节点的节点电流方程，从而求解电路的方法，称作节点电压法，简称节点法。节点电压法适用于支路数很多而节点个数相对较少的电路，尤其是当电路只有两个节点时，用节点电压法尤为方便快捷。对于只有两个节点的电路可用弥尔曼定理求解。

如图 2.1.13 所示的电路中，只有两个节点①和②，选②为参考点，则①的节点电压 $U_{n1} = U_{12}$（$n$ 表示节点）。在给定电源电压和电阻的情况下，如果求出节点电压 $U_{n1}$，再计算各支路电流就很容易。

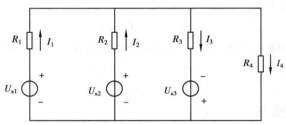

图 2.1.13　具有两个节点的电路

节点电压与支路电流的关系是

$$I_1 = (U_{s1} - U_{n1})/R_1$$
$$I_2 = (U_{s2} - U_{n1})/R_2$$
$$I_3 = (U_{s3} + U_{n1})/R_3$$
$$I_4 = U_{n1}/R_4 \tag{2.1.3}$$

前三个式子的分子部分均为各支路的电阻电压，故三式为含源支路的伏安关系式。而各支路电流受 KCL 约束，即

$$I_1 + I_2 - I_3 - I_4 = 0$$

将式（2.1.3）代入上式，并经整理可得

$$U_{n1} = (U_{s1}/R_1 + U_{s2}/R_2 - U_{s3}/R_3)/(1/R_1 + 1/R_2 + 1/R_3 + 1/R_4) \tag{2.1.4}$$

这就是计算节点电压的公式，推广到一般情况

$$U_{n1} = \sum(U_s G) + \sum I_s / \sum G \tag{2.1.5}$$

在式（2.1.5）中，分子实际上是代数和，凡参考方向是指向非参考节点的电流源电流 $I_s$ 前面取"＋"号，反之取"－"号；凡是 $U_s$ 的参考方向与节点电压的参考方向一致的取"＋"

号,相反的取" – "号。式(2.1.6)也称为弥尔曼定理。

【例2.1.7】　应用弥尔曼定理计算图2.1.14所示电路中各支路电流。

解

$$U_{12} = \frac{\frac{1}{2} \times 20 - \frac{1}{3} \times 24 + 2}{\frac{1}{2} + \frac{1}{3}} \text{ V} = 4.8 \text{ V}$$

$$I_1 = \frac{20 - 4.8}{2} \text{ A} = 7.6 \text{ A}$$

$$I_3 = 2 \text{ A}$$

$$I_2 = I_1 + I_3 = (7.6 + 2) \text{ A} = 9.6 \text{ A}$$

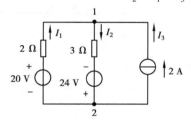

图2.1.14　【例2.1.7】图

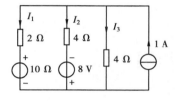

图2.1.15　【例2.1.8】图

【例2.1.8】　应用节点电压法求图2.1.15所示电路中各支路电流。

解　各节点电压参考方向如图中所示,根据弥尔曼定理得

$$U = \frac{\frac{10}{2} - \frac{8}{4} + 1}{\frac{1}{2} + \frac{1}{4} + \frac{1}{4}} = 4 (\text{V})$$

得　　　$I_1 = \dfrac{4 - 10}{2} = -3 (\text{A})$　　$I_2 = \dfrac{4 + 8}{4} = 3 (\text{A})$　　$I_3 = \dfrac{U}{4} = 1 (\text{A})$

如果电路的支路数很多,而节点只有两个时,采用弥尔曼定理求解将非常简单。弥尔曼定理只适用于计算两个节点的电路,而节点电压法适用于3个或3个以上节点的电路。

# 实践知识

# 【任务简介】

1)任务描述

(1)掌握 KCL,KVL 定律的验证;

(2)学会接线与实际操作,加深对参考方向的理解。

2)任务要求

按实验接线图正确接线,经指导教师检查确认后合电源开关,分别测量各支路电流和回路电压,根据测量数据验证基尔霍夫电流、电压定律。

3)实施条件

表 2.1.1 基尔霍夫定律的验证

| 项 目 | 基本实施条件 | 备 注 |
|---|---|---|
| 场地 | 电工实验室 | |
| 设备 | 稳压电源,插座、开关 3 套;直流电压表、直流电流表,电阻箱 | |
| 工具 | 导线若干 | |

# 【任务实施】

1)电路图

2)操作步骤

(1)按图 2.1.16 接线。

(2)经老师检查电路后,合上开关 $K_1$、$K_2$、$K_3$,测量流入节点 $C$ 的电流 $I_1$ 及流出节点 $C$ 的电流 $I_2$、$I_3$,验证 KCL。将数据记录入表 2.1.2 中。

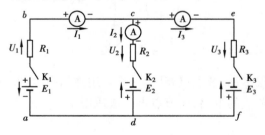

$R_1 = 4\ \Omega, R_2 = 3\ \Omega, R_3 = 2\ \Omega \quad E_1 = E_2 = E_3 = 1.5\ \text{V}$

图 2.1.16 电路图

(3)分别测量 $abcda$、$dcefd$、$abefa$ 三个回路各段电压降,验证 KVL。将数据记入表 2.1.2中。

3)数据记录

表 2.1.2

| 节点 $C$/mA | $I_1$ | $I_2$ | $I_3$ | | 验 证 |
|---|---|---|---|---|---|
| | | | | | $\sum I =$ |
| $abcda$ 回路/V | $U_{E1}$ | $U_1$ | $U_2$ | $U_{E2}$ | $\sum U =$ |

续表

| $dcefd$ 回路/V | $U_{E2}$ | $U_2$ | $U_3$ | $U_{E3}$ | $\sum U =$ |
|---|---|---|---|---|---|
| | | | | | |
| $abefa$ 回路/V | $U_{E1}$ | $U_1$ | $U_3$ | $U_{E3}$ | $\sum U =$ |
| | | | | | |

4）注意事项

（1）测各段电压降，使电压由正指负的方向与所选各电压正方向一致。此时，若指针正偏，则该电压取正；若指针反偏，则调换电压表正负端钮。此时，指针正偏则该电压取负值。

（2）测 $U_1$、$U_2$、$U_3$ 时，必须将电流表的压降包括进去，否则误差太大。

5）思考题

测量时能否任意选定电流和电压的参考方向，其结果如何？不选参考方向行不行？

6）检查及评价

表 2.1.3　检查与评价

| 考评项目 | | 自我评估 20% | 组长评估 20% | 教师评估 60% | 小计 100% |
|---|---|---|---|---|---|
| 素质考评<br>（20 分） | 劳动纪律（5 分） | | | | |
| | 积极主动（5 分） | | | | |
| | 协作精神（5 分） | | | | |
| | 贡献大小（5 分） | | | | |
| 实训安全操作规范，实验装置和相关仪器摆放情况（20 分） | | | | | |
| 过程考评（60 分） | | | | | |
| 总分 | | | | | |

# 任务 2.2　叠加定理及验证

# 【任务目标】

● 知识目标

（1）理解叠加定理的内涵及其实质；

（2）掌握叠加定理的使用条件和适用情况；

（3）掌握在应用叠加定理时对置零电压源和电流源的处理方法。

● 能力目标

（1）能完成叠加定理验证实验，并能运用所学知识对实验结果进行分析、综合、归纳；

（2）能运用叠加定理求解电路中某一支路电流、电压；

（3）能应用叠加定理分析、计算复杂电路。

● 态度目标

（1）能主动学习，在完成任务过程中发现问题、分析问题和解决问题；

（2）能与小组成员协商、交流配合完成本次学习任务，养成分工合作的团队意识；

（3）能养成严谨细致的作风，提高逻辑思维能力。

## 【任务描述】

　　叠加定理为线性电路普遍适用的定理，通过本任务学习，掌握叠加定理的应用条件和适用方法。在电工实验室中，各实验小组按照《Q/GDW 1799.1—2013 国家电网公司电力安全工作规程》、进网电工证相关标准的要求，进行叠加定律的验证实验。

## 【任务准备】

课前预习相关知识部分，独立回答下列问题：

（1）电流源、电压源置零时相当于什么状态？

（2）功率不能叠加，如何利用叠加定理计算电路中的功率？

（3）叠加定理是否适用于求解非线性电路的电压和电流？

（4）用叠加定理分析计算电路时应注意哪几点？

## 【相关知识】

## 理论知识

　　1）叠加定理及其内容

　　叠加定理是反映线性电路基本性质的一个非常重要的定理，在电路分析中占有重要的地位。叠加定理的内容是:线性电路中,当有两个及以上独立电源共同作用时,各支路电流(或各元件上的电压),等于这几个电源分别单独作用下的各支路电流(或各元件上的电压)的代数和(叠加)。注意,叠加定理不适合非线性电路的分析和计算。

以图2.2.1(a)所示电路为例来说明叠加定理的内容。图2.2.1(a)为线性元件和独立源构成的线性电路,电路中有两个独立源:一个电压源,一个电流源。根据叠加定理,此时电路中待求的电流、电压可以通过图2.2.1(b)和图2.2.1(c)各个独立源单独作用时的电路中求取。所谓独立源单独作用,是指在有多个独立源的线性电路中,依次只保留一个电源,将其他独立源置零。即当一个独立源工作时,其他电流源的电流置零,电压源的电压置零。图2.2.1(b)中,不作用的电流源以开路代替;在图2.2.1(c)中,不作用的电压源以短路线代替。独立源置零时,电路中其他元件的连接方式和大小均不改变。

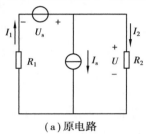 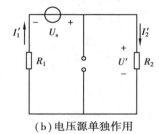 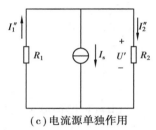

(a)原电路  (b)电压源单独作用  (c)电流源单独作用

图2.2.1 叠加定理

将上面的结论推广到一般线性电路,就得到叠加定理。

2)叠加定理的应用

应用叠加定理求解电路的步骤:

(1)原电路中标明各支路电流和电压的参考方向。

(2)画出各电源单独作用时的电路图,并标明各支路电流分量和电压分量的参考方向。

(3)在各电压源或电流源单独作用的电路中,求出与待求量对应的电压或电流分量。

(4)将各对应分量叠加,求出电源共同作用时的电压或电流。

应用叠加定理分析电路时应注意的问题:

(1)叠加定理只适用于线性电路。

(2)线性电路的电流、电压均可用叠加定理计算,但功率不能用叠加定理计算,只能先计算总电压和总电流后,再根据功率表达式计算电路的功率。

(3)不作用电源的处理:将不作用的电压源以短路代替,将不作用的电流源以开路代替,注意其余部分不变。

(4)叠加时要注意电压和电流的参考方向,如果分量参考方向与原电路中该量参考方向一致,则该电压或电流取正号,反之取负号。

(5)应用叠加定理时,可把电源分组求解,即每个分电路中的电源个数可以多于一个。

【例2.2.1】 已知条件如图2.2.2所示,试应用叠加定理,求电路中的电流 $I_1$、$I_2$ 及36 Ω电阻消耗的电功率 $P$。

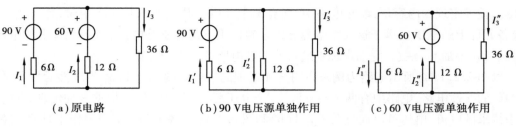

（a）原电路    （b）90 V电压源单独作用    （c）60 V电压源单独作用

图 2.2.2 【例 2.2.1】图

**解**　各电源单独作用时如图 2.2.2 所示。

（a）先计算 90 V 电压源单独作用时的电流和电压，电路如图（b）所示。

$$I_1' = \frac{90}{6 + \dfrac{12 \times 36}{12 + 36}} = \frac{90}{15} = 6(\text{A})$$

$$I_2' = 6 \times \frac{36}{12 + 36} = 4.5(\text{A})$$

$$I_3' = 6 \times \frac{12}{12 + 36} = 1.5(\text{A})$$

（b）再计算 60 V 电压源单独作用时的电流和电压，电路如图（c）所示。

$$I_2'' = \frac{60}{12 + \dfrac{6 \times 36}{6 + 36}} = 3.5(\text{A})$$

$$I_1'' = 3.5 \times \frac{36}{6 + 36} = 3(\text{A})$$

$$I_3'' = 3.5 \times \frac{6}{6 + 36} = 0.5(\text{A})$$

（c）两电源同时作用的电流和电压为电源分别作用时的叠加。

$$I_1 = I_1' - I_1'' = 6 - 3 = 3(\text{A})$$

$$I_2 = -I_2' + I_2'' = -4.5 + 3.5 = -1(\text{A})$$

$$I_3 = I_3' + I_3'' = 1.5 + 0.5 = 2(\text{A})$$

（d）36 Ω 电阻消耗的电功率为

$$P = I_3^2 R_3 = 2^2 \times 36 = 144(\text{W})$$

**【例 2.2.2】**　图 2.2.3（a）所示桥形电路中，$R_1 = 2\ \Omega, R_2 = 3\ \Omega, R_3 = 2\ \Omega, R_4 = 1\ \Omega, U_s = 12\ \text{V}, I_s = 5\ \text{A}$。试用叠加定理计算电路中电压 $U$ 和电流 $I$。

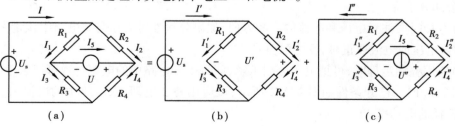

（a）　　　　（b）　　　　（c）

图 2.2.3 【例 2.2.2】图

**解**　(a)画出各独立电源单独作用时的电路图。电压源 $U_s$ 单独作用时的电路如图 2.2.3(b)所示,电流源 $I_s$ 单独作用时的电路如图 2.2.3(c)所示。

(b)计算在各独立电源单独作用下产生的与待求量相对应的电压或电流。

电压源 $U_s$ 单独作用时:

$$I_1' = \frac{U_s}{R_1 + R_3} = \frac{12}{2 + 2} \text{ A} = 3 \text{ A}$$

$$I_2' = \frac{U_s}{R_2 + R_4} = \frac{12}{3 + 1} \text{ A} = 3 \text{ A}$$

$$I' = I_1' + I_2' = (3 + 3) \text{ A} = 6 \text{ A}$$

$$U' = R_1 I_1' - R_2 I_2' = (2 \times 3 - 3 \times 3) \text{ V} = -3 \text{ V}$$

电流源 $I_s$ 单独作用时:

$$I_1'' = \frac{R_3}{R_1 + R_3} \cdot I_s = \frac{2}{2 + 2} \times 5 \text{ A} = 2.5 \text{ A}$$

$$I_2'' = \frac{R_4}{R_2 + R_4} \cdot I_s = \frac{1}{3 + 1} \times 5 \text{ A} = 1.25 \text{ A}$$

$$I'' = I_2'' - I_1'' = (1.25 - 2.5) \text{ A} = -1.25 \text{ A}$$

$$U'' = R_1 I_1'' + R_2 I_2'' = (2 \times 2.5 + 3 \times 1.25) \text{ V} = 8.75 \text{ V}$$

(c)将各独立电源单独作用时所产生的电流或电压叠加

$$I = I' - I'' = [6 - (-1.25)] \text{ A} = 7.25 \text{ A}$$

$$U = U' + U'' = (-3 + 8.75) \text{ V} = 5.75 \text{ V}$$

叠加定理是线性电路基本性质的一个重要定理,只适用于线性电路中电压和电流的叠加,而不适用于非线性电路中的电压电流,也不适用于功率的叠加。叠加时一定要注意电压或电流的方向。

# 实践知识

# 【任务简介】

1)任务描述

(1)验证线性电路中的叠加原理。

(2)观察两电源并联供电时电源的工作状态及规律。

(3)加深对线性电路叠加特性的认识。

2)任务要求

按实验接线图正确接线,经指导教师检查确认后合电源开关,分别测量电源单独作用时及电源共同作用时各支路的电压和电流,并依据测量参数验证叠加定理。

3)实施条件

表 2.2.1　叠加原理的验证

| 项　目 | 基本实施条件 | 备　注 |
|---|---|---|
| 场地 | 电工实验室 | |
| 设备 | 直流稳压电源,插座、开关2套;直流电压表、直流电流表,电阻箱 | |
| 工具 | 导线若干 | |

# 【任务实施】

1)电路图

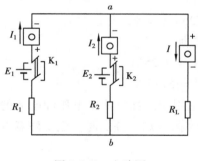

图 2.2.4　电路图

图 2.24 中,$E_1 = 6$ V 或 3 V,$E_2 = 3$ V 或 1.5 V,$R_1 = 100$ $\Omega$,$R_2 = 200$ $\Omega$,$R_L = 50$ $\Omega$。

2)操作步骤

(1)按图 2.2.4 接线。

(2)经老师检查电路后,合上 K。

(3)当 $E_1$ 单独作用时($K_1$ 合向电源侧,$K_2$ 合向短路侧),测量各支路电流和电压 $U_{ab}$,将测得的数据记录入表 2.2.2 内。

(4)当 $E_2$ 单独作用时($K_1$ 合向短路侧,$K_2$ 合向电源侧),测量各支路电流和电压 $U_{ab}$,将测得的数据记录入表 2.2.2 内。

(5)当 $E_1$、$E_2$ 共同作用时($K_1$、$K_2$ 均合向电源侧),测量各支路电流和电压 $U_{ab}$,将测得的数据记录入表2.2.2内。

3)数据记录

表 2.2.2　数据记录

| 测量项目 | 测量值 | | | | 计算值 | | |
|---|---|---|---|---|---|---|---|
| | $I_1$/mA | $I_2$/mA | $I$/mA | $U_{ab}$/V | $P_1$/W | $P_2$/W | $P$/W |
| 当 $E_1$ 单独作用 | | | | | | | |
| 当 $E_2$ 单独作用 | | | | | | | |
| 当 $E_1$,$E_2$ 共同作用 | | | | | | | |

4）注意事项

（1）防止稳压电源短路。

（2）特别注意电流电压的正方向问题。

（3）不经允许，不得随意改变电阻箱的阻值，以免使其烧坏。

5）思考题

（1）用实测的各电流值与计算值相比较，说明叠加原理的正确性。

（2）如果将 $R_3$ 用灯泡替换，叠加原理是否还适用？

6）检查及评价

表 2.2.3　检查与评价

| 考评项目 | | 自我评估 20% | 组长评估 20% | 教师评估 60% | 小计 100% |
|---|---|---|---|---|---|
| 素质考评<br>（20 分） | 劳动纪律（5 分） | | | | |
| | 积极主动（5 分） | | | | |
| | 协作精神（5 分） | | | | |
| | 贡献大小（5 分） | | | | |
| 实训安全操作规范，实验装置和相关仪器摆放情况（20 分） | | | | | |
| 过程考评（60 分） | | | | | |
| 总分 | | | | | |

# 任务 2.3　电源的等效变换

## 【任务目标】

● 知识目标

（1）理解电压源与电流源的概念与伏安特性；

（2）掌握电源等效变换应用条件和注意事项；

（3）掌握电源等效变换方法。

● 能力目标

（1）能运用电源等效变换法求解电路电流、电压；

（2）能完成电源等效变换实验，并能运用所学知识对实验结果进行分析、归纳、总结。

（3）会根据电路的实际情况选择合适的电源模型等效变换。

● 态度目标

（1）能主动学习，在完成任务过程中发现问题、分析问题和解决问题；

（2）能与小组成员协商、交流配合完成本次学习任务，养成分工合作的团队意识；

（3）能养成严谨细致的作风，提高逻辑思维能力。

## 【任务描述】

理解电压源与电流源模型的典型电路形式，学习电压源模型与电流源模型的等效变换法，班级学生自由组合为若干个实验小组，各实验小组自行选出组长，并明确各小组成员的角色。在电工实验室中，各实验小组按照《Q/GDW 1799.1—2013 国家电网公司电力安全工作规程》、进网电工证相关标准的要求，进行电源等效变换的验证。

## 【任务准备】

课前预习相关知识部分，独立回答下列问题：

（1）多个理想电压源串联还是并联时可合并成一个等效的理想电压源？

（2）电路中两个电流不相等的理想电流源可以串联使用吗？为什么？

（3）电压源与电流源的等效变换条件是什么？

## 【相关知识】

## 理论知识

分析和计算电路时，有时需要对电路进行适当的变换，即用一个电路替代原电路中的部分电路，这种变换必须是等效变换，否则就失去了意义。

等效变换的定义是：如果用一个电路去替代另一个电路中的某一部分，替代后电路中未被替代部分的各支路电流和各节点之间的电压均保持不变，则这种变换称为等效变换。如图 2.3.1 所示，用 $i$ 与 $R'$ 并联的电路代替 $u_s$ 与 $R$ 串联的电路后，虚线框外部电路的电压和电流都不发生变化，则说明 $i_s$ 与 $R'$ 并联的电路，与 $u_s$、$R$ 串联的电路是等效的。值得注意的是，所谓电路等效，是指对电路的外部而言，在电路内部并不一定等效。

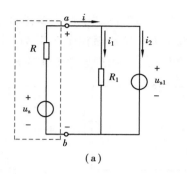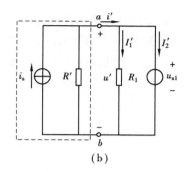

图 2.3.1    电源的等效变换

1)电压源

常用的电池、发电机和各种信号源都可以近似看作实际电压源,端电压随输出电流的增大而降低,这是因为实际电源有内阻的缘故。内阻越小,端电压越接近定值。

在理想情况下,内阻为零,端电压便不随电流变化而保持定值,这样的电源称为理想电压源。理想电压源实际上是不存在的,它只是抽象出来的一种理想化的电源元件。但是,电池和发电机等实际电源的内阻往往远小于负荷电阻,端电压几乎恒定不变,就可以看成是一个理想电压源。

理想电压源的图形符号如图 2.3.2(a)所示,其端电压用 $U_s$ 表示,参考方向由"+"极指向"-"极。对于电池,常用图 2.3.2(b)的符号表示。电源的特性用其电压电流关系的曲线来表示,称为外特性曲线。理想电压源的外特性曲线是一条平行于电流横轴的直线,如图 2.3.2(c)所示。

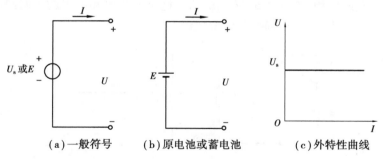

(a)一般符号            (b)原电池或蓄电池            (c)外特性曲线

图 2.3.2    理想电压源的图形符号及外特性曲线

理想电压源的特点:输出电压不随输出电流的变化而变化,即输出电压恒定。理想电压源又称恒压源。理想电压源常简称电压源。实际电源常用理想电压源 $U_s$ 和内阻 $R_s$ 串联组成的电路模型来表示。

2)电流源

在电路中,能提供恒定电流的电路元件称为理想电流源。它是从光电池、恒流器、晶体管等实际电流源抽象出来的模型。理想电流源的图形符号及外特性曲线如图 2.3.3 所示。

图 2.3.3(a)中,$I_s$ 表示理想电流源的电流,其参考方向用箭头表示,理想电流源的外特性曲线是一条平行于电压轴的直线。从图 2.3.3(b)可见,输出电流不随输出电压的变化而变化,即输出电流恒定。它的端电压则是任意的。理想电流源也叫恒流源。

如果理想电流源与理想电压源相连,那么,理想电流源的端电压完全由理想电压源的电压来确定。如图2.3.4(a)中,理想电流源的端电压$U = U_s$。而在图2.3.4(b)中,理想电流源的端电压$U = -U_s$。而两种接法的电压源中的电流完全由理想电流源决定。

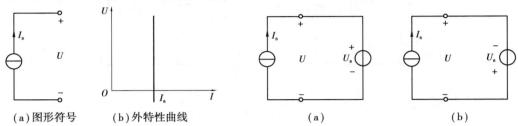

（a）图形符号　　　（b）外特性曲线　　　　　　　（a）　　　　　　　（b）

图2.3.3　理想电流源　　　　　图2.3.4　理想电流源与理想电压源的连接

$I_s = 0$的电流源称为零电流源,它所在的支路的电流必然也等于零,所以零电流源的作用如同开路,其外特性曲线与电压轴重合。电流源的电流不受外电路的任何影响,所以电流源也是一种独立电源。

3）两种电源模型的等效变换

实际电路中的电源存在一定的内阻,若不能忽略内阻的作用时,实际电源可用理想电压源和电阻的串联组合来表示,也可以用理想电流源和电阻的并联组合来表示,前者称为电压源模型,后者称为电流源模型。

（1）等效电压源。

为了分析方便,将电源的电动势$E$和内阻$R_0$分开,用一个$U_s = E$的电压源和内阻$R_0$的串联组合来表示实际电源,如图2.3.5(a)所示。这个电压源和电阻的串联组合称为实际电源的电压源——电阻串联模型,简称等效电压源。

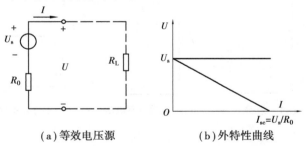

（a）等效电压源　　　　　（b）外特性曲线

图2.3.5　等效电压源

根据图2.3.5(a)所示的电压和电流的参考方向,可列出电压和电流的关系式为

$$U = U_s - R_0 I \qquad (2.3.1)$$

（2）等效电流源。

式(2.3.1)可改写为

$$I = U_s/R_0 - U/R_0 = I_{sc} - U/R_0 \qquad (2.3.2)$$

式中,$I_{sc} = U_s/R_0$是电源的短路电流,由于其数值恒定不变,可看成电流源产生的电流$I_s$,而$U/R_0$可看成接在电源输出端上的电阻$R_0$中的电流。于是,式(2.3.2)可以理解为:电

源输出的电流 $I$,等于电流源电流 $I_s = I_{sc} = U_s/R_0$ 减去串阻电流 $U/R_0$。据此,可以画出与之对应的电路,如图 2.3.6 所示。

图 2.3.6 的电路称为实际电源的电流源——电阻并联模型,简称等效电流源。

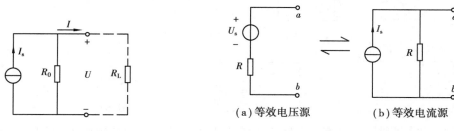

图 2.3.6　等效电流源　　　　　　　图 2.3.7　两种模型的等效变换

（3）等效互换。

上述两种等效电源模型有着相同的外特性,因此它们对外电路是等效的。但对电源内部,则是不等效的。两种等效电源模型可以等效互换,互换时内阻 $R_0$ 是相等的,而电压源的数值和电流源的数值遵循欧姆定律的数值关系,即

$$I_s = U_s/R_0, \quad U_s = R_0 I_s \qquad (2.3.3)$$

在等效变换时,只要是一个电压源与电阻 $R$ 的串联组合,都可以等效变换为一个电流源与电阻 $R$ 的并联组合,如图 2.3.7 所示。其中

$$I_s = U_s/R \quad 或 \quad U_s = RI_s$$

利用两种等效电源模型的等效互换,可以使复杂电路简化。

等效变换时应注意以下几点:

①两种模型的极性必须一致,即电流源电流的参考方向应从电压源的"－"极到"＋"极。

②在等效电压源中,内阻 $R$ 与电压源串联;在等效电流源中,内阻 $R$ 与电流源并联。

③理想电压源与理想电流源本身不能等效变换。

④两种电源模型的变换只对外电路等效,两种电源模型内部并不等效。

⑤多个理想电压源串联时,可用一个等效的理想电压源来代替。如果各串联电压源有串联电阻,则等效电压源的电阻等于各串联电压源的电阻之和。多个理想电流源并联时,可用一个等效的理想电流源来代替。如果各并联电流源有并联电阻,则等效电流源的电阻等于各并联电流源的电阻并联后的等效电阻。

【例 2.3.1】　试用电源等效变换方法求图 2.3.8(a)中的电压 $U$ 及图(b)中的电流 $I$。

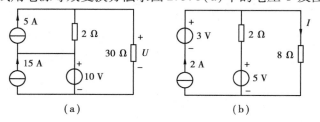

图 2.3.8　【例 2.3.1】图

**解** （a）等效电路如图：

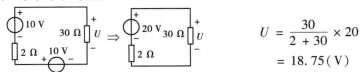

$$U = \frac{30}{2+30} \times 20$$
$$= 18.75(\text{V})$$

（b）等效电路如图：

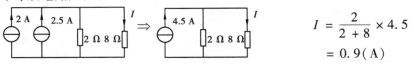

$$I = \frac{2}{2+8} \times 4.5$$
$$= 0.9(\text{A})$$

**【例2.3.2】** 利用电源等效变换法求图2.3.9所示电路中的电流 $I$。已知 $U_{s1} = 12$ V，$U_{s2} = 36$ V，$R_1 = 2$ Ω，$R_2 = 3$ Ω，$R = 6$ Ω。

**解** 先将电压源与电阻串联的支路变换为电流源与电阻并联的支路，变换后的电路如图2.3.10所示，其中

$$I_{s1} = \frac{U_{s1}}{R_1} = \frac{12}{2} \text{ A} = 6 \text{ A}$$

$$I_{s2} = \frac{U_{s2}}{R_2} = \frac{36}{3} \text{ A} = 12 \text{ A}$$

再将图2.3.10中并联的两个电流源用一个等效电流源来替代，其值为

$$I_s = I_{s1} + I_{s2} = (6 + 12) \text{ A} = 18 \text{ A}$$

图2.3.10中电阻 $R_1$、$R_2$ 并联，它们的等效电阻为

$$R_{12} = \frac{R_1 R_2}{R_1 + R_2} = \frac{2 \times 3}{2 + 3} \text{ Ω} = 1.2 \text{ Ω}$$

简化后的电路如图2.3.11所示。应用分流公式，求得支路电流 $I$ 为

$$I = \frac{R_{12}}{R_{12} + R} I_s = \frac{1.2}{1.2 + 6} \times 18 \text{ A} = 3 \text{ A}$$

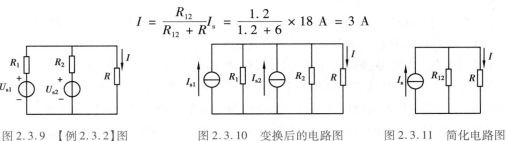

图2.3.9 【例2.3.2】图　　　　图2.3.10 变换后的电路图　　　图2.3.11 简化电路图

# 实践知识

## 【任务简介】

1）任务描述

（1）应用电路实验研究电压源和电流源的等效变换。

（2）观察等效变换时，电源的工作状态及规律。

（3）加深对电源等效变换的认识。

2）任务要求

按实验接线图正确接线，经指导教师检查确认后合电源开关，分别测量电压源模型及电流源模型电路的相关电路参数。

3）实施条件

表 2.3.1 电压源和电流源的等效变换

| 项 目 | 基本实施条件 | 备 注 |
|---|---|---|
| 场地 | 电工实验室 | |
| 设备 | 直流稳压电源，电流源、插座、开关 2 套；直流电压表、直流电流表，电阻箱 | |
| 工具 | 导线若干 | |

# 【任务实施】

1）电路图

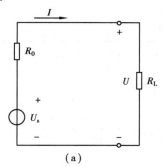 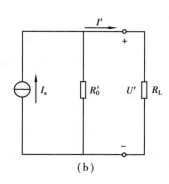

图 2.3.12 电路图

2）操作步骤

（1）按图 2.3.12（a）所示电路接线，图中各元件参数任选。

（2）经老师检查电路后，合上 K。

（3）测量图 2.3.12（a）所示电路的电压和电流，并将测得的数据记入表 2.3.2 内。

（4）按公式计算等效电流源模型的电流 $I_s$ 和内阻 $R_0'$，并按图 2.3.12（b）所示电路接线。

（5）测量图 2.3.12（b）所示电路的电压和电流，并将测得的数据记入表 2.3.2 内。

3）数据记录

表 2.3.2　数据记录表

| 图（a）电压源模型所在电路 | | 图（b）电压源模型所在电路 | |
| --- | --- | --- | --- |
| 任选<br>$U_s/V$ | | 计算<br>$I_s = U_s/R_0$ | |
| 任选<br>$R_0/\Omega$ | | 满足<br>$R_0 = R_0'$ | |
| 测量 $U/V$ | | 测量 $U'/V$ | |
| 测量 $I/A$ | | 测量 $I'/A$ | |

4）注意事项

（1）防止稳压电源短路。

（2）特别注意电流电压的正方向问题。

（3）不经允许，不得随意改变电阻箱的阻值，免得使其烧坏。

5）思考题

（1）电压源模型所在电路与等效电流源模型所在电路中，端电压、总电流相同吗？

（2）电压源模型与电流源模型等效的关系是什么？

（3）总结电压源模型和电流源模型等效变换的方法与规律。

6）检查及评价

表 2.3.3　检查与评价

| 考评项目 | | 自我评估20% | 组长评估20% | 教师评估60% | 小计100% |
| --- | --- | --- | --- | --- | --- |
| 素质考评<br>（20分） | 劳动纪律（5分） | | | | |
| | 积极主动（5分） | | | | |
| | 协作精神（5分） | | | | |
| | 贡献大小（5分） | | | | |
| 实训安全操作规范，实验装置<br>和相关仪器摆放情况（20分） | | | | | |
| 过程考评（60分） | | | | | |
| 总分 | | | | | |

## 任务 2.4　戴维南定理的验证

### 【任务目标】

- 知识目标

(1)理解二端网络及有源二端网络的概念;

(2)理解戴维南定理的内涵及其实质;

(3)掌握无源二端网络的等效电阻和有源二端网络的开路电压的计算方法。

- 能力目标

(1)能完成戴维南定理验证实验,并能运用所学知识对实验结果进行分析、综合、归纳;

(2)能运用戴维南定理求解电路中某一支路电流、电压;

(3)能应用戴维南定理分析、计算复杂电路。

- 态度目标

(1)能主动学习,在完成任务过程中发现问题、分析问题和解决问题;

(2)能与小组成员协商、交流配合完成本次学习任务,养成分工合作的团队意识;

(3)能养成严谨细致的作风,提高逻辑思维能力。

### 【任务描述】

理解戴维南定理的内容,会用戴维南定理分析电路。班级学生自由组合为若干个实验小组,各实验小组自行选出组长,并明确各小组成员的角色。在电工实验室中,各实验小组按照《Q/GDW 1799.1—2013 国家电网公司电力安全工作规程》、进网电工证相关标准的要求,进行戴维南定律的验证实验。

### 【任务准备】

课前预习相关知识部分,独立回答下列问题:

(1)戴维南定理解题的关键是什么?

(2)如何熟练掌握求解开路电压和等效电阻的方法。

(3)拓展了解诺顿定理的概念。

# 【相关知识】

## 理论知识

戴维南定理是分析负载电路的常用定理,适用于电路中只求一条支路电流的情况,特别在电路元件多、连接方式复杂时,尤其能体会到戴维南定理的优势。

1)戴维南定理的内容

具有两个对外连接端的电路称为二端网络。内部含有电源(包括电压源和电流源)的二端网络,称为有源二端网络,如图2.4.1(a)所示。在一个复杂的线性电路中,如果只需要知道电路中某一支路的电压和电流,而该支路连接的是一个复杂的线性有源二端网络时,可以将这个复杂的线性有源二端网络等效为一个电压源或电流源。

研究表明,任何一个含有独立电源的线性有源二端网络,可以用一个电压源与电阻的串联组合等效来替代。其中,电压源的电压等于有源二端网络的开路电压,电阻等于二端网络内部所有独立电源置零后,从二端网络端口看进去的等效电阻,这个规律称为戴维南定理。电压源与电阻的串联组合等效电路,称为戴维南等效电路,如图2.4.1(b)所示。

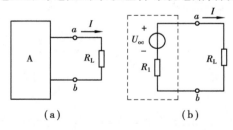

图 2.4.1　戴维南定理

2)应用戴维南定理求解电路的步骤

(1)移去待求变量所在的支路(或移去一个二端电路),使余下的电路成为一个有源二端网络,用网络分析的一般方法求得有源二端网络的开路电压 $U_{oc}$;

(2)将有源二端网络中的所有独立电源置零,使其成为无源二端网络,计算从该无源二端网络端口看进去的等效电阻 $R_{eq}$;

(3)根据已求得的有源二端网络的开路电压 $U_{oc}$ 和等效电阻 $R_{eq}$,构成戴维南等效电路,并替代对应的有源二端网络,画出替代后的等效电路;

(4)计算变换后的等效电路,求得待求量。

3)戴维南等效电阻的计算方法

(1)将网络内所有独立电源置零,采用电阻串并联等效变换或三角形与星形等效变换的方法加以化简,计算端口的等效电阻。(对含有受控源的网络不适用)

(2)外加电源法。将有源二端网络中的所有独立电源置零后,在其端口处外施电压源 $u_S$ 或电流源 $i_S$,求得端口电流 $i$ 或端口电压 $u$,再用下列式计算戴维南等效电阻。(对含有受控源的二端网络较为适宜。)

$$R_{eq} = \frac{u_s}{i} \text{ 或 } R_{eq} = \frac{u}{i_s}$$

（3）短路电流法。计算出有源二端网络的开路电压 $u_{oc}$ 和短路电流 $i_{sc}$，再用下列式计算戴维南等效电阻。（也适用含有受控源的网络）

$$R_{eq} = \frac{u_{oc}}{i_{sc}}$$

4）最大功率传输定理

一个实际电源，当所接负载不同时，电源传输给负载的功率就不同，当负载电阻等于电源内阻时，负载能从电源获取最大功率。

任何电能传输系统，其负载上获得最大功率的条件是：负载电阻等于电源的内阻（$R = R_i$），获得的最大功率为 $P_{max} = \dfrac{U_s^2}{4R}$，这种工作状态称为负载与电源匹配。

当电路中负载电阻等于电源内阻时，负载上获得功率最大，此时，称电路达到匹配。当电路匹配时，负载可以获得最大功率，但是它的传输效率（负载吸收的功率与电源产生的功率之比）为 50%。

在电力系统中，由于输送的功率较大，必须减少功率损耗，提高传输效率才可以提高电能的利用率。因此，电力系统不能在匹配状态下工作。在电子技术、通信和自动控制系统中，人们总希望负载可以获得较强信号，由于这时电信号本身的功率较小，传输效率就变成次要问题，而负载获得最大功率成为主要问题。因此，在这种情况下，应设法使系统达到匹配状态。

**【例 2.4.1】**　图 2.4.2（a）所示电路为一个有源二端网络外接一可调电阻 $R$，其中 $U_S = 38 \text{ V}, I_S = 2 \text{ A}, R_1 = 4 \text{ }\Omega, R_2 = 4 \text{ }\Omega, R_3 = 2 \text{ }\Omega$，试问当 $R$ 等于多少时，它可以从电路中获得最大功率，此最大功率为多少？

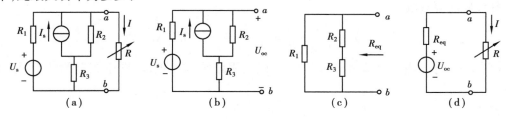

图 2.4.2　【例 2.4.1】图

**解**　（a）将电阻 $R$ 移去，余下的有源二端网络如图（b）所示，该有源二端网路的开路电压为 $U_{oc} = -\dfrac{38 - 2 \times 4}{4 + 4 + 2} \times 4 + 38 = 26 \text{（V）}$。

（b）将图（b）所示有源二端网络中的电压源用短路代之，电流源用开路代之，从而得到如图（c）所示的无源二端网络，计算从其端口看进去的等效电阻 $R_{eq} = \dfrac{4 \times (4 + 2)}{4 + 4 + 2} = 2.4$（$\Omega$）。

（c）用戴维南等效电路代替有源二端网络后，得到的等效电路如图（d）所示。根据图

（d）所示电路,可确定当 $R = R_{eq} = 2.4\ \Omega$ 时,电阻 $R$ 获得最大功率,其值为

$$P_{max} = \frac{U_{oc}^2}{4R_{eq}} = \frac{26^2}{4 \times 2.4} = 70.42(W)$$

**【例2.4.2】** 用戴维南定理求图2.4.3(a)所示电路中的电流 $I$。

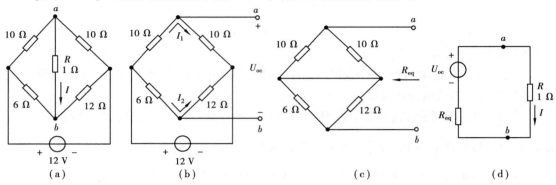

图2.4.3 【例2.4.2】图

**解** （a）将图(a)所示电路中电阻 $R$ 支路移去,使余下的电路成为一个有源二端网络,如图(b)所示,计算该有源二端网络的开路电压。

$$U_{oc} = 6I_2 - 10I_1 = \left(6 \times \frac{12}{6+12} - 10 \times \frac{12}{10+10}\right) V = (4-6)\ V = -2\ V$$

（b）将图(b)所示有源二端网络中的电压源置零,使之成为一无源二端网络,如图(c)所示,计算从该无源二端网络端口看进去的等效电阻

$$R_{eq} = \left(\frac{10 \times 10}{10+10} + \frac{6 \times 12}{6+12}\right)\Omega = (5+4)\ \Omega = 9\ \Omega$$

（c）用戴维南等效电路替代图(a)中的有源二端网络,替代后的等效电路如图(d)所示。计算替代后的等效电路,可得

$$I = \frac{U_{oc}}{R_{eq}+R} = \frac{-2}{9+1}\ A = -0.2\ A$$

**【例2.4.3】** 电路如2.4.4(a)所示,试应用戴维南定理,求图中支路为 $4\ \Omega$ 上的电压 $U$。

**解**

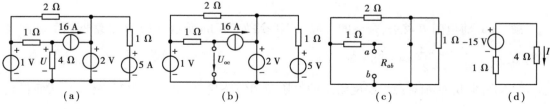

图2.4.4 【例2.4.3】图

（a）先计算开路电压,如图(b)所示。

$$U_{oc} = -1 \times 16 + 1 = -15(V)$$

(b)再求等效电阻 $R_{ab}$。

将恒压源和恒流源除去,得电路如图(c)所示。

$$R_{ab} = 1(\Omega)$$

(c)由戴维南定理可知,有源二端网络等效为一个电压源,如图(d)所示。

$$I = \frac{-15}{1+4} = -\frac{15}{5} = -3(A)$$

$$U = 4I = 4 \times (-3) = -12(V)$$

戴维南定理指出,由线性元件组成的任何有源二端网络可用一个电压源与一个电阻的串联组合等效代替,等效电源的电压 $U_S$ 等于该有源二端网络的开路电压 $U_{oc}$,串联电阻等于该有源二端网络中所有独立电源为零值时的等效电阻 $R_i$。

# 实践知识

# 【任务简介】

1)任务描述

(1)验证戴维南定理正确性,加深对定理的理解;

(2)掌握含源二端网络等效参数的一般测量方法;

(3)验证最大功率传递定理。

2)任务要求

电路接好后,利用电压表和电流表测量开路电压、短路电流,分析相关数据验证戴维南定理。

3)实施条件

表 2.4.1　戴维南定理的验证

| 项　目 | 基本实施条件 | 备　注 |
|---|---|---|
| 场地 | 电工实验室 | |
| 设备 | 稳压电源,插座、开关 1 套;电压表、电流表、万用表 | |
| 工具 | 电阻、导线若干 | |

# 【任务实施】

1)电路图

2)操作步骤

(1)按图 2.4.5 接线,调稳压电源至 12 V,经老师检查电路后合上开关。测定有源二端网络的外特性,将负载电阻 $R_L$ 从零(短路)增大直到 $400\ \Omega$,测出负载端的电压和电流记录表 2.4.2 中。

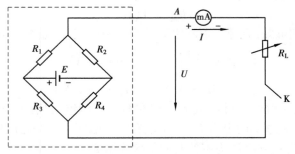

图 2.4.5　电路图

图中 $R_1 = 200\ \Omega$,$R_2 = 600\ \Omega$,$R_3 = 500\ \Omega$,$R_4 = 100\ \Omega$,$E = 12\ \text{V}$,$R_L = 400\ \Omega$ 或 $290\ \Omega$。

表 2.4.2　数据记录

| 项　目 | | 单位 | 顺　序 | | | | |
|---|---|---|---|---|---|---|---|
| | | | $R_L = 0\ \Omega$ | $100\ \Omega$ | $200\ \Omega$ | $300\ \Omega$ | $400\ \Omega$ |
| 测量 | $U$ | 伏 | | | | | |
| | $I$ | 毫安 | | | | | |

(2)用开路短路法测 $E_0$,$R_j$。

用开路法测等效电动势 $E_0$。在开关断开的情况下,测量 $A$、$B$ 两点间的电压即为 $E_0$。用短路法测 $I_K$。将 $R_L$ 短路,合上开关测出 $I_K$,然后求 $R_j = \dfrac{U_0}{I_k}$。将数据记入表 2.4.3 中。

表 2.4.3　数据记录

| 项　目 | 测　量 | 计算 $R_j(\Omega)$ |
|---|---|---|
| 开路法 | $E_0/V$ | |
| 短路法 | $I_k/mA$ | |

(3)验证戴维南定理。测定等效电源电路的外特性。将有源二端网络换成等效电源电路,如图 2.4.6 所示。电动势为所测得的 $E_0$,串联电阻为表 2.4.2 中计算出的 $R_j$ 并接上负载 $R_L$,将 $R_L$ 从零变到最大,测出负载端的电压 $U'$ 和 $I'$,记入表 2.4.4 中。

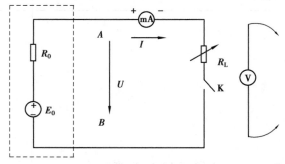

图 2.4.6　等效电源电路图

3）数据记录

表 2.4.4　数据记录

| 项　目 | | 单位 | 顺　序 | | | | |
|---|---|---|---|---|---|---|---|
| | | | $R_L = 0\ \Omega$ | 100 Ω | 200 Ω | 300 Ω | 400 Ω |
| 测量 | $U'$ | 伏 | | | | | |
| | $I'$ | 毫安 | | | | | |

4）注意事项

（1）用 C31-V 型电压表测电压时，因内阻较小，不能并联在电路上，否则所测电流有误差。

（2）注意接线正确性。

5）思考题

（1）如果有源二端网络的等效电阻 $R_j$ 与电压表内阻 $R_V$ 相比不能忽略，试问还有什么方法可以准确测量网络的开路电压 $V_0$？

（2）分析用开路短路法测定 $E_0$、$R_j$ 的优点及其局限性。

6）检查及评价

表 2.4.5　检查与评价

| 考评项目 | | 自我评估20% | 组长评估20% | 教师评估60% | 小计100% |
|---|---|---|---|---|---|
| 素质考评<br>（20分） | 劳动纪律（5分） | | | | |
| | 积极主动（5分） | | | | |
| | 协作精神（5分） | | | | |
| | 贡献大小（5分） | | | | |
| 实训安全操作规范，实验装置<br>和相关仪器摆放情况（20分） | | | | | |
| 过程考评（60分） | | | | | |
| 总分 | | | | | |

# 【习题 2】

## 2.1

一、填空题

2.1.1　基尔霍夫第一定律的表达式为（　　　　　　　　）。

二、选择题

2.1.2 凡是不能应用( )简化为无分支电路的电路,便是复杂直流电路。

(A)串并联电路　　　　(B)欧姆定律　　　　(C)等效电流法　　　　(D)等效电压法

2.1.3 如图所示电路中电流 $I$ 为( )。

(A)－4 A　　　　(B)4 A　　　　(C)1 A　　　　(D)3 A

2.1.4 下述电路中,基尔霍夫定律不适用的是( )。

(A)非线性电路　　　　(B)非正弦周期性电流电路

(C)动态电路　　　　(D)分布参数电路

2.1.5 一个具有 $n$ 个节点、$b$ 条支路的电路对其所能列出的相互独立的基尔霍夫电压定律方程有( )个。

(A)$b-n-1$　　　　(B)$b+n$

(C)$b-(n-1)$　　　　(D)$b-n$

习题 2.1.3 图

三、判断题

2.1.6 基尔霍夫定律适用于任何电路。　　　　　　　　　　( )

2.1.7 任意电路中支路数一定大于节点数。　　　　　　　　( )

2.1.8 任意电路中回路数大于网孔数。　　　　　　　　　　( )

四、计算题

2.1.9 求图所示电路中的电压 $U_{ab}$。

2.1.10 欲使图示电路中 $U_s$ 所在支路电流为零,$U_s$ 应为多少?

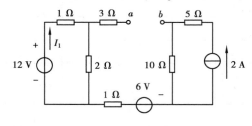

习题 2.1.9 图

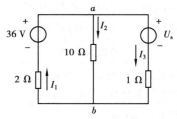

习题 2.1.10 图

2.1.11 如图所示电路中,已知 $U_1 = 1$ V,试求电阻 $R$。

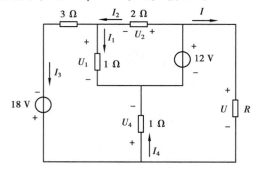

习题 2.1.11 图

## 2.2

一、选择题

2.2.1　叠加定理适用于复杂电路中的(　　)。

(A)电路中的电压电流　　　　　　　　　(B)线性电路中的电压电流

(C)非线性电路中的电压电流功率　　　　(D)线性电路中的电压电流功率

2.2.2　下述有关叠加定理论述中,正确的是(　　)。

(A)叠加定理适用于任何集中参数电路

(B)叠加定理不仅适用于线性电阻性网络,也适用于含有线性电感元件和线性电容元件的网路

(C)叠加定理只适用于直流电路,不适用于交流电路

(D)线性电路中任一支路的电压或电流以及任一元件的功率都满足叠加定理

2.2.3　用叠加原理计算复杂电路,就是把一个复杂电路化为(　　)电路进行计算的。

(A)单电源　　　　　(B)较大　　　　　(C)较小　　　　　(D)$RL$

二、判断题

2.2.4　电流源置零,等效为电流源两端短路。　　　　　　　　　　　(　　)

2.2.5　叠加定理只能应用于线性电路。　　　　　　　　　　　　　　(　　)

2.2.6　叠加定理适用于复杂线性电路中的电流和电压。　　　　　　　(　　)

2.2.7　线性电路中电压、电流、功率都可用叠加法计算。　　　　　　(　　)

2.2.8　电压源置零,等效为电压源两端断路。　　　　　　　　　　　(　　)

三、计算题

2.2.9　用叠加定理求图所示电路中电流源的电压。

2.2.10　应用叠加定理求图所示电路中的电流 $I$ 和电压 $U$。

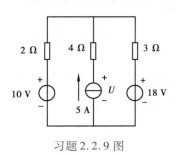

习题 2.2.9 图

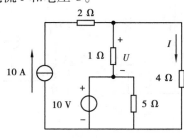

习题 2.2.10 图

## 2.3

一、选择题

2.3.1　恒流源的特点是(　　)。

（A）端电压不变　　　（B）输出功率不变　（C）输出电流不变　　　（D）内部损耗不变

2.3.2　关于等效变换说法正确的是（　　　）。

（A）等效变换只保证变换的外电路的各电压、电流不变

（B）等效变换是指互换的电路部分一样

（C）等效变换对变换电路内部等效

（D）等效变换只对直流电路成立

二、判断题

2.3.3　恒压源并联的元件不同，则恒压源的端电压不同。　　　　　　　　（　　　）

2.3.4　恒流源输出电流随它连接的外电路不同而异。　　　　　　　　　　（　　　）

2.3.5　等效电路的等效原则是：除被等效电路替代的部分，未被替代部分电压和电流均不变。　　　　　　　　　　　　　　　　　　　　　　　　　　　　　　　　（　　　）

三、计算题

2.3.6　用等效变换法化简如图所示各网络。

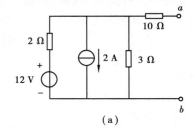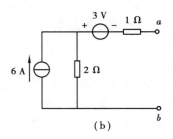

习题 2.3.6 图

2.3.7　用电源的等效变换法求图示电路中的电流 $I$ 和电压 $U$。

2.3.8　用等效变换法化简图示各网络。

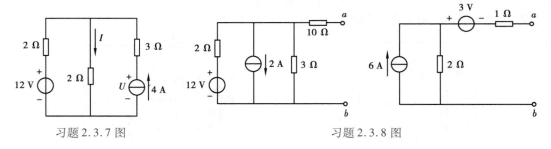

习题 2.3.7 图　　　　　　　　　　　　习题 2.3.8 图

## 2.4

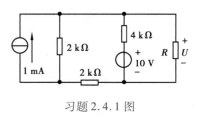

习题 2.4.1 图

一、选择题

2.4.1　图示电路中，已知 $U = 3\ \text{V}$，求 $R = $（　　　）。

（A）1 k$\Omega$　　　　　　　　　　（B）2 k$\Omega$

（C）3 k$\Omega$　　　　　　　　　　（D）4 k$\Omega$

2.4.2　有源二端网络的短路电流为 16 A,等效内阻为 8 Ω,则开路电压为(　　)V。

（A）2　　　　　　　（B）8　　　　　　　（C）16　　　　　　　（D）128

2.4.3　某有源二端网络的开路电压为 18 V,短路电流为 3 A,则其戴维南模型的等效电阻是(　　)。

（A）18 Ω　　　　　　（B）6 Ω　　　　　　（C）3 Ω　　　　　　（D）不能求出

二、判断题

2.4.4　戴维南定理只能应用于线性电路。　　　　　　　　　　　　　　　　（　　）

2.4.5　同一网络的戴维南等效电路与诺顿等效电路有相同的等效电阻。　　（　　）

三、计算题

2.4.6　用戴维南定理求解图示电路中 13 Ω 电阻中的电流,若该电阻可变,则当它等于多大时,其消耗的功率最大,并计算这个最大功率。

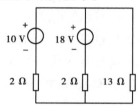

习题 2.4.6 图

2.4.7　求图示各网络的戴维南等效电路。

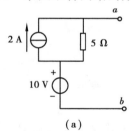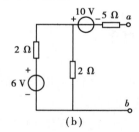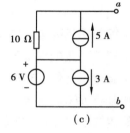

（a）　　　　　　　　　　　　（b）　　　　　　　　　　　　（c）

习题 2.4.7 图

2.4.8　图示电路中电阻 $R_L$ 等于多大时,它吸收的功率为最大？ 此最大功率为多少？

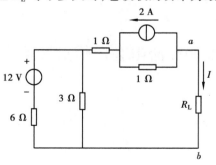

习题 2.4.8 图

# 项目 3　单相正弦交流电路分析及应用

## 【项目描述】

本项目主要包含单相交流电在白炽灯照明电路中的应用，*RL* 串联电路在日光灯电路中的应用，*RLC* 串联电路分析应用，日光灯电路中功率因数的提高。要求学生掌握正弦交流电的基本概念与计算方法；掌握电阻、电感与电容元件的基本特性；能根据 *RLC* 串联电路的特性分析谐振产生的原因；能根据 *RLC* 并联电路的特性分析提高功率因数的方法。

## 【项目目标】

(1)了解单相正弦电路的基本概念。

(2)掌握正弦量的相量表示法。

(3)掌握电阻元件、电感元件和电容元件的电压电流关系及功率特点。

(4)能分析 *RLC* 串联电路的基本特性。

(5)能用交流电压表、电流表、万用表、单相有功功率表和功率因数表测量单相正弦电路相关参数。

(6)掌握提高功率因数的方法。

## 任务 3.1　单相交流电在白炽灯照明电路中的应用

## 【任务目标】

● 知识目标

(1)掌握正弦交流电的特征量；

（2）掌握正弦交流电的表示方法；

（3）掌握正弦交流电的计算方法。

● 能力目标

（1）能识读电路图；

（2）能正确按图接线；

（3）能使用电流表、电压表、万用表等进行交流电流、电压的测量；

（4）能进行实验数据分析；

（5）能完成实验报告填写。

● 态度目标

（1）能主动学习，在完成任务过程中发现问题、分析问题和解决问题；

（2）能与小组成员协商、交流配合完成本次学习任务，养成分工合作的团队意识；

（3）严格遵守安全规范，爱岗敬业、勤奋工作。

## 【任务描述】

　　班级学生自由组合为若干个实验小组，各实验小组自行选出组长，并明确各小组成员的角色。在电工实验室中，各实验小组按照《Q/GDW 1799.1—2013 国家电网公司电力安全工作规程》、进网电工证相关标准的要求，进行交流电流电压的测量。

## 【任务准备】

课前预习相关知识部分，独立回答下列问题：

（1）什么是交流电？

（2）正弦交流电的三要素是什么？

（3）如何用相量来表示正弦量交流电？

（4）如何进行正弦量的加减运算？

## 【相关知识】

## 理论知识

　　大小和方向都随时间变化的电流称为交流电流。电工和电子电路中广泛应用交流电压源和电流源,其中按正弦规律变化的交流电源和信号,应用得也最为广泛。交流电被广泛采用的主要原因:一是交流电压易于升高和降低,这样便于高压输送和低压使用;二是交流电动机比直流电动机性能优越,使用方便。因此,发电厂发的电都是交流电,即使在需要直流的地方,往往也是将交流电通过整流设备变换为直流电。

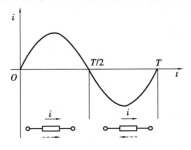

图 3.1.1　正弦交流电流

正弦交流电的特点是它的大小随时间按正弦规律变化,如图 3.1.1 所示。

正弦交流电变化一次所需的时间 $T$ 称为周期,单位为(秒,s)。一秒钟内变化的次数称为频率 $f$,单位是(赫兹,Hz)。周期和频率的关系是

$$f = \frac{1}{T} \tag{3.1.1}$$

周期和频率都是用来表示交流电变化快慢的物理量。我国和大多数国家规定的电力标准频率为 50 Hz,习惯上称此频率为工业频率,简称工频。美国和日本有的地区则规定 60 Hz 为电力标准频率。

【例 3.1.1】　求工频的周期。

**解**　根据式(3.1.1),周期为

$$T = \frac{1}{f} = \frac{1}{50} = 0.02(s)$$

交流电路中作用的电源或信号随时间不断地交变,因此,电路中各元件的电压、电流都是时间的函数。为了确定出电路中各处电压、电流在任一瞬间的实际方向,因此在对电路进行分析之前,要对各电压、电流预先设定一个正方向,在电路中用" + "" – "号或箭头标出。

# 一、正弦量的特征量

1)正弦量的三要素

图 3.1.1 所示的电流随时间变化的图形为电流的波形图,波形图的横轴为时间,纵轴高度表示出不同时刻下电流的数值。

图 3.1.1 所示的波形图也可以用数学式描述,数学表示式为

$$i = I_\mathrm{m} \sin(\omega t + \Psi) \tag{3.1.2}$$

式(3.1.2)为电流波形的瞬时表达式,其中 $I_\mathrm{m}$ 为电流的幅值,$\omega$ 为角频率,$\Psi$ 为初相位。一个正弦电流(或电压)量可以由上述三个特征量确定出来,这三个特征量称为正弦量的三要素。

(1)最大值(幅值)$I_\mathrm{m}$:反映正弦量变化的最高幅度(或称峰值)。

(2)角频率 $\omega$:反映正弦量变化的快慢,角频率 $\omega$ 与频率 $f$ 之间有如下关系

$$\omega = \frac{2\pi}{T} = 2\pi f \tag{3.1.3}$$

它的单位是 rad/s(弧度/秒)。

角速度 $\omega$ 与频率 $f$ 只差一个常数 $2\pi$,所以常将 $\omega$ 称为角频率。$\omega$ 与 $T$、$f$ 一样,都反映正弦量变化的快慢。直流电的大小和方向都不随时间变化,可以看成 $\omega = 0$(即 $f = 0$ 或 $T = \infty$)的一种特殊正弦交流电。

【例 3.1.2】 已知电流 $i = 311 \sin(100\pi t)$,试求该电流的周期 $T$ 和频率。

**解**
$$\omega = 100\pi \text{rad}/s$$

$$f = \frac{\omega}{2\pi} = \frac{100\pi}{2\pi} \text{ Hz} = 50 \text{ Hz}$$

$$T = \frac{1}{f} = \frac{1}{50} \text{ s} = 0.02 \text{ s}$$

【例 3.1.3】 已知正弦交流电的频率 $f = 50$ Hz,求其角频率 $\omega$。

**解**
$$\omega = 2\pi f = 2\pi \times 50 = 100\pi = 314(\text{rad}/s)$$

(3)初相位 $\Psi$。$(\omega t + \Psi)$ 是随时间变化的电角度,它决定了正弦量变化的进程,是正弦量随时间变化的核心部分,称为正弦量的相位或相角。$t = 0$ 时的相位为 $\Psi$,称为初相位,简称初相。初相 $\Psi$ 的单位与 $\omega t$ 一样为 rad,但工程上习惯以(°)为单位,在计算时需将 $\omega t$ 与 $\Psi$ 变换成相同的单位。

【例 3.1.4】 正弦交流电流的最大值 $I_m = 10$ A,频率 $f = 50$ Hz,初相位 $\Psi = 30°$。求

(a)$t = 0$ 时电流 $i$ 的瞬时值;

(b)$t = 10$ ms 时电流 $i$ 的瞬时值。

**解** (a)$t = 0$ 时,$i = I_m \sin \Psi = 10 \sin 30° = 5(\text{A})$

(b)$t = 10$ ms,$\omega t = 2\pi ft = 2\pi \times 50 \times 10 \times 10^{-3} = \pi = 180°$

$\omega t + \Psi = \pi + 30° = 180° + 30° = 210°$

所以 $i = I_m \sin(\omega t + \Psi) = 10 \sin 210° = -5(\text{A})$

初相 $\Psi$ 的大小与计时起点的选择有关。计时起点选得不同,初相就不同。初相可以为正值,也可以为负值,但对其绝对值规定不超过 180°,即 $|\Psi| \leqslant 180°$。

一个正弦电量,知道了它的最大值、频率(或角频率)和初相位后,该正弦电量随时间变化的规律就可以由数学表示式 $i = I_m \sin(\omega t + \Psi_i)$ 或 $u = U_m \sin(\omega t + \Psi_u)$ 来表示。

2)相位差

频率相同的两个或多个正弦电量,如果初相位不同,它们的相位角 $(\omega t + \Psi)$ 则不同。两个同频正弦量的相位之差称为相位差,用 $\varphi$ 表示。

假设有两个同频率的正弦量 $e_1 = E_m \sin(\omega t + \Psi_1)$ 与 $e_2 = E_m \sin(\omega t + \Psi_2)$,它们之间的相位差为

$$\varphi = (\omega t + \Psi_1) - (\omega t + \Psi_2) = \Psi_1 - \Psi_2 \tag{3.1.4}$$

两个频率相同的正弦量的相位差有下述三种情况,以 $e_1 = E_m \sin(\omega t + \Psi_1)$ 与 $e_2 = E_m \sin(\omega t + \Psi_2)$ 两个同频率正弦量为例:

(1)$0 < \Psi_1 - \Psi_2 < 180°$,这种情况称为 $e_1$ 超前 $e_2$,或 $e_2$ 滞后 $e_1$。即 $e_1$ 的最大值比 $e_2$ 的最大值先出现,如图 3.1.2 所示。

（2）$\Psi_1 - \Psi_2 = 0$，这种情况称为同相，即两个正弦量同增、同减，变化一致，如图 3.1.3（a）所示。

（3）$\Psi_1 - \Psi_2 = \pm 180°$，这种情况称为反相，如图 3.1.3（b）所示。

相位差可用来描述正弦量之间的相位间关系。当多个同频正弦量同存于一个电路时，可以任选其中一个正弦量作为参考正弦量，令这个正弦量的初相位为零，则在这一电路中其他正弦量的初相位可由与参考正弦量的相位差来确定。

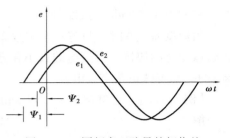

图 3.1.2　同频率正弦量的相位差

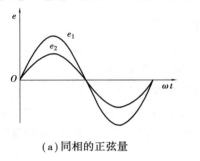

（a）同相的正弦量

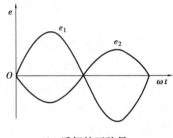

（b）反相的正弦量

图 3.1.3　正弦量的同相和反相

讨论相位差问题时应当注意，只有同频的正弦量才能对相位进行比较，不同频率的正弦量无法确定领先、落后的关系，因此不能进行相位的比较，也不存在相位差。

【例 3.1.5】　求下列两正弦电流的相位差：

$$i_1 = 10\ \sin(\omega t + 90°)\ (A)$$
$$i_1 = 10\ \sin(\omega t - 120°)\ (A)$$

**解**　$i_1$ 与 $i_2$ 的相位差

$$\varphi_{12} = \Psi_1 - \Psi_2 = 90° - (-120°) = 210°$$

因相位差的绝对值规定不得大于 180°，所以采用

$$\varphi_{12} = 210° - 360° = -150°$$

即 $i_1$ 滞后 $i_2$ 150°，或 $i_2$ 超前 $i_1$ 150°。

【例 3.1.6】　已知电路中某条支路的电压 $u$ 和电流 $i$ 为工频正弦量，它们的最大值分别为 311 V、5 A，初相分别为 $\pi/6$ 和 $-\pi/3$。（1）试写出它们的解析式；（2）试求 $u$ 与 $i$ 的相位差，并说明它们之间的相位关系。

**解**　$\omega = 2\pi f = 2\pi \times 50\ \mathrm{rad/s} = 100\pi\ \mathrm{rad/s}$

$U_{\mathrm{m}} = 311\ \mathrm{V}\quad I_{\mathrm{m}} = 5\ \mathrm{A}$

$\psi_{\mathrm{u}} = \dfrac{\pi}{6}\quad \psi_i = -\dfrac{\pi}{3}$

$u = U_{\mathrm{m}} \sin(\omega t + \psi_{\mathrm{u}}) = 311\ \sin\left(100\pi t + \dfrac{\pi}{6}\right)\mathrm{V}$

$i = I_{\mathrm{m}} \sin(\omega t + \psi_i) = 5\ \sin\left(100\pi t - \dfrac{\pi}{3}\right)\mathrm{A}$

$$\varphi = \psi_u - \psi_i = \frac{\pi}{6} - \frac{\pi}{3} = \frac{\pi}{2}$$

在相位上，$u$ 超前 $i \frac{\pi}{2}$；或者说，在相位上，$i$ 滞后 $u \frac{\pi}{2}$。

3）有效值

交流电的大小和方向都在随时间变化，为了能反映出不同波形的交流电在电路中能量转换的效果（如做功能力、发热量等），在比较它们的大小时使用有效值。

有效值是以交流电在一个或多个周期的平均效果作为衡量的指标，由于在电工技术中经常利用电流的热效应和机械效应，所以交流电的有效值这样定义：

交流电流 $i$ 通过电阻 $R$ 在一个周期 $T$ 内产生的热量 $Q_{AC}$，如果与某一直流电流 $I$ 通过同一电阻在同一时间内所产生的热量 $Q_{DC}$ 相等时，则称直流电流 $I$ 的数值是交流电流 $i$ 的有效值。

由此可知：

$$W_{AC} = \int_0^T i^2 R \mathrm{d}t \qquad\qquad W_{DC} = I^2 R T$$

为使 $W_{AC} = W_{DC}$，可得出 $i$ 的有效值为

$$I = \sqrt{\frac{1}{T}\int_0^T i^2 \mathrm{d}t} \tag{3.1.5}$$

有效值等于周期交流的平方在一个周期内的平均值的平方根，即等于周期交流的方均根值或均方根值。有效值用大写字母来表示，如 $I$、$U$、$E$ 等。

对于正弦电流 $i = I_m \sin \omega t$，它的有效值为

$$I = \sqrt{\frac{1}{T}\int_0^T i^2 \mathrm{d}t} = \sqrt{\frac{1}{T}\int_0^T I_m^2 \sin^2 \omega t \mathrm{d}t}$$

$$= \sqrt{\frac{I_m^2}{T}\int_0^T \frac{1}{2}(1 - \cos 2\omega t)\mathrm{d}t}$$

$$= \frac{1}{\sqrt{2}}I_m$$

$$= 0.707 I_m$$

由此可知，正弦交流电流的有效值为最大值的 $\sqrt{2}/2$ 倍。

同理可得，正弦交流电压的有效值为 $U = \dfrac{U_m}{\sqrt{2}}$。

在交流电路中用电压表、电流表测量出来的电压、电流值，一般均是有效值。在交流电路中使用的电器，其额定电压、电流大多也是有效值。

若用电流表测量正弦电路，电流表读数为 10 A，可知该电流的最大值为 $I_m = \sqrt{2} I = 10\sqrt{2}$ A。我国工频交流电压值 220 V 指的也是有效值，其最大值为 $U_m = \sqrt{2} U = \sqrt{2} \times 220 = 311$ V。

因此，根据正弦交流电有效值与幅值的数量关系，正弦交流电的表达式可表示为

$$i = \sqrt{2} I \sin(\omega t + \Psi_i)$$

$$u = \sqrt{2}\,U\sin(\omega t + \varPsi_u)$$

【例3.1.7】 已知电压 $u = 311\sin\left(100\pi t + \dfrac{\pi}{6}\right)$V,试求电压的有效值 $U$ 及 $t = 0.01$ s 时电压的瞬时值。

解
$$U = \frac{U_m}{\sqrt{2}} = \frac{311}{\sqrt{2}} = 220 \text{ V}$$

$$u = 311\sin\left(100\pi \times 0.01 + \frac{\pi}{6}\right)\text{V}$$

$$= 311\sin\left(\pi + \frac{\pi}{6}\right)\text{V}$$

$$= 311 \times \left(-\frac{1}{2}\right)\text{V}$$

$$= -155.5 \text{ V}$$

# 二、正弦量的表示方法

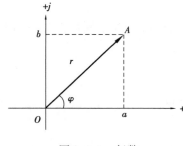

图 3.1.4 复数

用函数或波形图来表示正弦量,这两种方式表示的正弦量难以进行加减运算。因此,为了更方便地对正弦电流电路进行分析、计算,通常采用相量图或相量表示式(复数符号法)来表示正弦量。

图 3.1.4 为复数直角坐标系,横轴为复数的实部,纵轴为虚部。图中的有向线段 $A$ 代表一相量。复数有如下几种表示形式:

1)代数形式
$$A = a + jb$$

2)三角形式

$$A = r\cos\varphi + jr\sin\varphi$$

其中,复数的模:$r = \sqrt{a^2 + b^2}$,复数的辐角:$\varphi = \arctan\dfrac{b}{a}$。

3)指数形式

$$A = re^{j\varphi}$$

4)极坐标形式

$$A = r\angle\psi$$

以上几种形式可以相互转换,进行加减运算可用代数形式,进行乘除运算可用指数形式或极坐标形式。

在分析正弦交流电路时,所有正弦电量的角频率 $\omega$ 相同。因此,在使用复数表示正弦量时,只需表示正弦量三要素当中的幅值(或有效值)与初相位即可。用复数的幅值来表示正弦量的幅值(或有效值),用复数的辐角来表示正弦量的初相位。

为了与一般的相量区分开,一般采用相应物理量的大写字母来表示正弦交流电量的相量,同时在大写字母上加圆点,比如:

$\dot{I}_m = I_m \angle \Psi$,表示电流的最大值相量;

$\dot{I} = I \angle \Psi$,表示电流的有效值相量。

【例3.1.8】　用相量式表示以下正弦交流电流:(a)$i = 10 \sin(\omega t + 30°)$A;(b)$i = 5\sqrt{2} \sin(\omega t - 37°)$A;(c)$u = 220\sqrt{2} \sin(\omega t + 90°)$。

**解**
$$(a)\ \dot{I}_m = 10 \angle 30°A$$
$$(b)\ \dot{I} = 5 \angle -37°A$$
$$(c)\ \dot{U} = 220 \angle 90° = j\,220\ A$$

相量以图形表示时,称为相量图,如图3.1.5所示,其长度代表正弦量的有效值或最大值,辐角代表初相,水平虚直线代表零度方向,在此方向的相量称为参考相量。

相量图包含了正弦交流电的有效值或最大值与初相位的信息,同时,画在同一张相量图中的各正弦量频率一定相同。

【例3.1.9】　试写出 $i = 10\sqrt{2} \sin(\omega t - 30°)$A 的相量表示式,并画出相量图。

**解**　$i$ 的有效值 $I = 10$ A,初相 $\Psi = -30°$,所以 $i$ 的相量表示式

$$\dot{I} = 10 \angle -30° = 10 \cos(-30°) + j10 \sin(-30°)$$
$$= 8.66 - j5(A)$$

电流 $i$ 的相量图如图3.1.6所示。

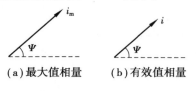

(a)最大值相量　　(b)有效值相量

图3.1.5　正弦电流的相量

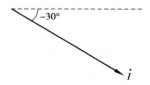

图3.1.6　【例3.1.9】图

## 三、正弦量的计算

设有两个同频率的正弦电流

$$i_1 = I_{1m} \sin(\omega t + \Psi_1)$$
$$i_2 = I_{2m} \sin(\omega t + \Psi_2)$$

根据三角函数的计算公式,可求得两同频率正弦电流相加之和的正弦电流频率不变,但

幅值与相位都发生变化。

$$i = i_1 + i_2 = I_m \sin(\omega t + \Psi)$$

确定合成电流 $i$ 的幅值 $I_m$ 和初相 $\Psi$,除通过三角函数计算公式外,还可用作图法与相量法来计算。

作图法:首先画出 $i_1$ 和 $i_2$ 的波形,而后将同一时刻的瞬时值叠加,逐点画出合成电流 $i$ 的波形,如图 3.1.7 所示,再测量出其最大值 $I_m$ 和初相 $\Psi$。虽然这种方法比较直观,但作图不便,结果也欠准确,一般不采用。

向量法:先画出表示 $i_1$ 和 $i_2$ 的相量 $\dot{I}_1$ 和 $\dot{I}_2$,然后根据相量的加法原则,使各相量首尾依次相连,即平移相量 $\dot{I}_1$,使相量 $\dot{I}_1$ 的尾与相量 $\dot{I}_2$ 的首相连,$\dot{I}$ 即为所求相量。$\dot{I}$ 的长度为电流有效值 $I$,$\dot{I}$ 与横轴正方向的夹角即为初相 $\Psi$,如图 3.1.8 所示。应用相量法求 $I_m$ 和初相 $\Psi$ 比较方便。

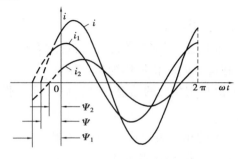

图 3.1.7　作图法

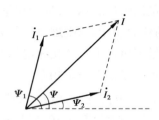

图 3.1.8　相量法求和

【例 3.1.10】　已知 $i_1 = 8 \sin 314t$ A,$i_2 = 6 \sin(314t + 90°)$ A。(a)写出电流的相量式;(b)画出相量图;(c)求 $i = i_1 + i_2$。

解　(a) $\dot{I}_{1m} = 8 \angle 0°$ A,$\dot{I}_{2m} = 6 \angle 90°$ A

$$\dot{I}_m = \dot{I}_{1m} + \dot{I}_{2m} = 8 + 6j = 10 \angle 36.9°\,A$$

(b)相量图如图 3.1.9 所示。

(c) $i = 10 \sin(314t + 36.9°)$

【例 3.1.11】　已知 $i_1 = 10\sqrt{2} \sin(\omega t + 90°)$ A,$i_2 = 10\sqrt{2} \sin \omega t$ A。试用相量作图法求 $i = i_1 + i_2$。

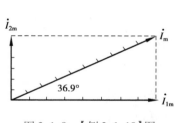

图 3.1.9　【例 3.1.10】图

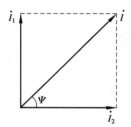

图 3.1.10　【例 3.1.11】图

**解**　作 $i_1$ 和 $i_2$ 的有效值相量 $\dot{I}_1$ 和 $\dot{I}_2$，按平行四边形法则求得合成电流 $i$ 的相量 $\dot{I}$，如图 3.1.10 所示。由于 $\dot{I}_1$ 和 $\dot{I}_2$ 之间的夹角为 $90°$，故合成电流 $i$ 的有效值

$$I = \sqrt{I_1^2 + I_2^2} = \sqrt{10^2 + 10^2} = 10\sqrt{2}\,(\text{A})$$

$\dot{I}$ 与横轴正方向之间的夹角，即 $\dot{I}$ 的初相

$$\Psi = \arctan\frac{I_1}{I_2} = \arctan\frac{10}{10} = 45°$$

应用相量法对正弦量进行减法时，实质上与加法相同，只需将作为减数的相量变成负相量后进行相加。例如

$$\dot{I} = \dot{I}_1 - \dot{I}_2 = \dot{I}_1 + (-\dot{I}_2)$$

$-\dot{I}_2$ 的大小和 $\dot{I}_2$ 一样，但与 $\dot{I}_2$ 相反，即相位相差 $180°$。因此，用相量图求 $\dot{I}_1$ 与 $\dot{I}_2$ 的差时，只要将 $\dot{I}_2$ 反转 $180°$，然后再与 $\dot{I}_1$ 相加，求得 $\dot{I}$。

**【例 3.1.12】**　已知 $i_1 = 5\sqrt{2}\,\sin\omega t$ A，$i_2 = 5\sqrt{2}\,\sin(\omega t - 120°)$ A，试用相量作图法求 $i = i_1 - i_2$。

**解**　先作 $i_1$ 和 $i_2$ 的相量 $\dot{I}_1$ 和 $\dot{I}_2$，如图 3.1.11 所示；再将 $\dot{I}_2$ 反转 $180°$ 变成 $(-\dot{I}_2)$，然后求得合成相量 $\dot{I}$。

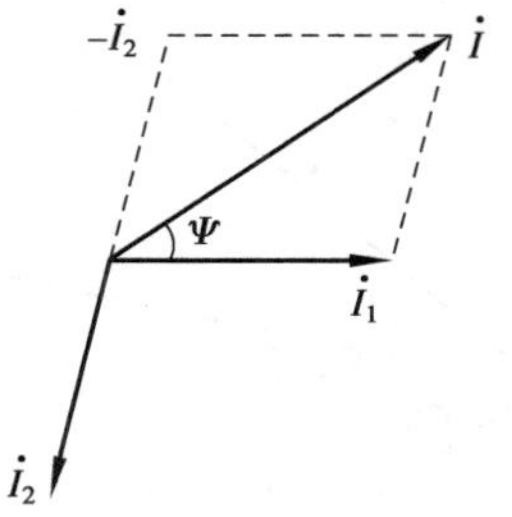

由平面几何知识可知

$$I = \sqrt{3}\,I_1 = \sqrt{3} \times 5 = 8.66\,(\text{A})$$

$$\Psi = 30°$$

故　　　　$i = i_1 - i_2 = 8.66\sqrt{2}\,\sin(\omega t + 30°)\,(\text{A})$

图 3.1.11　【例 3.1.12】图

相量图可以清楚地表示各正弦量的相互关系，又可得到所要分析的结果，所以相量图是分析正弦电路的重要工具。

下面讨论虚数单位 j 在相量分析中的意义。

因 $j = 0 + j1 = 1\angle 90°$，故任一相量乘以 j 等于该相量的模不变，而辐角增加 $90°$，相当于使该相量在复平面上朝逆时针方向旋转了 $90°$。若电流相量 $\dot{I} = I\angle\Psi$，则 $j\dot{I}$ 在复平面上的位置就在 $\dot{I}$ 前面（逆时针方向）$90°$ 处，如图 3.1.12 所示。所以 j 称为旋转 $90°$ 算子。

同样，$-j = 0 - j1 = 1\angle -90°$。电流相量 $\dot{I}$ 乘以 $-j$ 相当于使 $\dot{I}$ 朝后（顺时针方向）旋转 $90°$。所以 $-j$ 是旋转 $-90°$ 的算子。

而 $j^2 = j \cdot j = -1 = 1\angle 180°$，$-1$ 是旋转 $180°$ 的算子，故 $-\dot{I}$ 就在 $\dot{I}$ 的反方向。

**【例 3.1.13】**　设电压相量 $\dot{U} = 220\angle -30°$ V，试写出 $j\dot{U}$、$-j\dot{U}$、$-\dot{U}$，并画出它们的相量图。

**解**　　　　　　$j\dot{U} = 1\angle 90° \times 220\angle -30° = 220\angle 60°\,(\text{V})$

$$- j\dot{U} = 1\angle - 90° \times 220\angle - 30° = 220\angle - 120°(\text{V})$$

$$- \dot{U} = 1\angle 180° \times 220\angle - 30° = 220\angle 150°(\text{V})$$

相量图如图 3.1.13 所示。

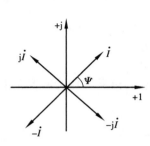

图 3.1.12　旋转 90°的算子 j

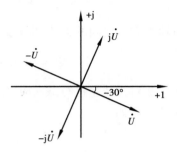

图 3.1.13　【例 3.1.13】图

正弦量用复数表示后,能适应各种运算的需要。正弦电路的计算,常常采用复数来运算,配合相量图进行定性分析。

【例 3.1.14】　已知 $i_1 = 10\sin(\omega t + 45°)\text{A}$,$i_2 = 5\sqrt{2}\sin(\omega t - 36.9°)\text{A}$,求 $i = i_1 + i_2$,并作相量图。

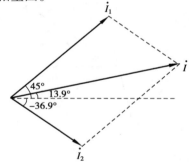

图 3.1.14　【例 3.1.14】图

解　先用相量的代数式表示 $i_1$ 和 $i_2$:

$$\dot{I}_1 = 5\sqrt{2}\angle 45° = (5 + j5)(\text{A})$$

$$\dot{I}_2 = 5\angle - 36.9° = (4 - j3)(\text{A})$$

将 $\dot{I}_1$ 和 $\dot{I}_2$ 相加,得

$$\dot{I} = \dot{I}_1 + \dot{I}_2 = (5 + j5) + (4 - j3) = 9 + j2$$
$$= 9.2\angle 13.9°(\text{A})$$

写出与 $\dot{I}$ 对应的正弦电流

$$i = 9.2\sqrt{2}\sin(\omega t + 13.9°)(\text{A})$$

相量图如图 3.1.14 所示。

## 实践知识

## 【任务简介】

1)任务描述

(1)会测量交流电压、电流;

(2)学会使用万用表测量电压;

（3）学会计算功率与阻值。

2）任务要求

完成室内照明电路的电压电流测量，并计算阻值与功率。

3）实施条件

表 3.1.1　室内照明电路的电流与电压的测量

| 项　目 | 基本实施条件 | 备　注 |
|---|---|---|
| 场地 | 电工实验室 | |
| 设备 | 调压器;万用表;交流电压表;交流电流表;灯箱。 | |
| 工具 | 导线若干 | |

# 【任务实施】

1）操作过程

按图 3.1.15 接线，请老师检查后方可通电。

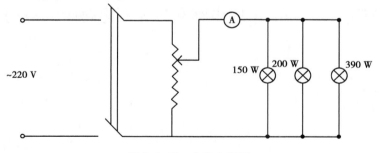

图 3.1.15　实验电路图

2）数据记录

表 3.1.2　数据记录

| 项　目 | 交流电流表测量值/$I$ | 交流电压表测量值/$U$ | 万用表测量值 | 计算值 | |
|---|---|---|---|---|---|
| | | | | 功率/W | 电阻/Ω |
| 150 W | | | | | |
| 200 W | | | | | |
| 390 W | | | | | |

3）注意事项

电流表不能接错，否则会造成短路，调压器输入输出端不能接反。

4）思考题

写出所测各交流电流电压的表达式,并用相量式与相量图表示。

5）检查及评价

表 3.1.3　检查与评价

| 考评项目 | | 自我评估 20% | 组长评估 20% | 教师评估 60% | 小计 100% |
|---|---|---|---|---|---|
| 素质考评（20 分） | 劳动纪律（5 分） | | | | |
| | 积极主动（5 分） | | | | |
| | 协作精神（5 分） | | | | |
| | 贡献大小（5 分） | | | | |
| 实训安全操作规范,实验装置和相关仪器摆放情况（20 分） | | | | | |
| 过程考评（60 分） | | | | | |
| 总分 | | | | | |

# 任务 3.2　$RL$ 串联电路在日光灯电路中的应用

## 【任务目标】

● 知识目标

（1）掌握电阻、电感与电容元件在正弦交流电路中的基本特性;

（2）掌握 $RL$ 串联电路的分析方法。

● 能力目标

（1）能识读电路图;

（2）能正确按图接线;

（3）能使用电流表、电压表、万用表等进行电阻与电感参数的测量;

（4）能进行实验数据分析;

（5）能完成实验报告填写。

● 态度目标

（1）能主动学习,在完成任务过程中发现问题、分析问题和解决问题;

（2）能与小组成员协商、交流配合完成本次学习任务,养成分工合作的团队意识;

（3）严格遵守安全规范,爱岗敬业、勤奋工作。

## 【任务描述】

班级学生自由组合为若干个实验小组,各实验小组自行选出组长,并明确各小组成员的角色。在电工实验室中,各实验小组按照《Q/GDW 1799.1—2013 国家电网公司电力安全工作规程》、进网电工证相关标准的要求,进行电阻与电感参数的测量。

## 【任务准备】

课前预习相关知识部分,独立回答下列问题:
(1)电阻、电感与电容元件在正弦交流电路中的特性如何?
(2)瞬时功率与平均功率是什么?
(3)RL 串联电路中的电压电流关系是怎样的?
(4)RL 串联电路中的功率关系。

## 【相关知识】

## 理论知识

电路中包含三种基本元件,分别为电阻、电感与电容。因电阻、电感与电容本身的物理特性不同,有必要分析其在交流电路中的特点。

## 一、正弦电路中的电阻元件

电阻 $R$ 两端有正弦电压 $u = \sqrt{2}\,U \sin \omega t$ V,则 据欧姆定律可知,在图 3.2.1(a)中电压电流都为正方向的情况下,电流

$$i = \frac{U}{R}$$

因 $u = \sqrt{2}\,U\sin\omega t$ V,可得 $i = \sqrt{2}\dfrac{U}{R}\sin\omega t$ A。所以,在电阻元件上,电压与电流波形的变化趋势一致,如图 3.2.1(b)所示。

电阻元件的电压和电流的最大值(或有效值)之间都服从欧姆定律;在相位上,电压与电流同相,如图 3.2.1(c)所示。

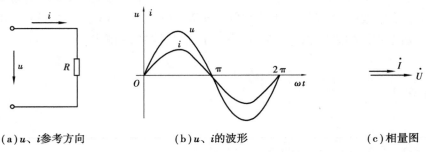

(a)$u$、$i$参考方向　　　　(b)$u$、$i$的波形　　　　(c)相量图

图 3.2.1　正弦电路中的电阻元件

电流和电压写成相量的形式,为

$$\dot{I} = I\angle 0^\circ,\ \dot{U} = U\angle 0^\circ$$

所以

$$\dot{U} = R\dot{I} \tag{3.2.1}$$

式(3.2.1)是电阻元件电压、电流关系的相量形式,它既表明了电流和电压的大小关系,又表明了它们同相的关系。

【例 3.2.1】　已知电阻元件 $R = 3\ \Omega$,通过正弦电流 $\dot{I} = 2\angle 30^\circ$A。求关联参考方向下的电压,并画出相量图和波形图。

**解**　根据式(3.2.1)

$$\dot{U} = R\dot{I} = 3 \times 2\angle 30^\circ = 6\angle 30^\circ\,(\text{V})$$

电流和电压的相量图和波形图如图 3.2.2 所示。

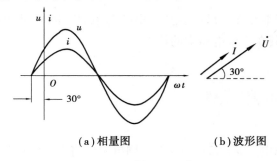

(a)相量图　　　　　　(b)波形图

图 3.2.2　【例 3.2.1】图

瞬时功率 $p$ 为某单一元件瞬时电压与瞬时电流的乘积,即

$$p = ui = U_{\mathrm{m}}\sin\omega t\,I_{\mathrm{m}}\sin\omega t = 2UI\sin^2\omega t = UI(1 - \cos 2\omega t) \tag{3.2.2}$$

对于电阻元件而言,其瞬时功率始终大于零,表示电阻元件始终吸收功率,将吸收的电

能转换为热能。

因正弦交流电会随时间变化,元件的瞬时功率也随时间变化。现引入平均功率,即元件瞬时功率在一个周期内的平均值,称为平均功率,并以 $P$ 表示。

$$P = \frac{1}{T}\int_0^T p\mathrm{d}t$$

当元件为电阻时,可求得其平均功率为

$$P = \frac{1}{T}\int_0^T UI(1 - \cos 2\omega t)\mathrm{d}t = UI \tag{3.2.3}$$

由欧姆定律可知,电阻元件的平均功率为

$$P = UI = I^2 R = \frac{U^2}{R} \tag{3.2.4}$$

【例 3.2.2】  一只 220 V、100 W 的灯泡,接到 $u = 311 \sin \omega t$ V 的电源上,求通过灯泡电流的有效值。

**解**
$$I = \frac{P}{U} = \frac{100}{220} = 0.455(\mathrm{A})$$

【例 3.2.3】  有一额定电压 $U_N = 220$ V、额定功率 $P_N = 1\,000$ W 的电炉,若加在电炉上的电压为 $u = 200\sqrt{2}\sin(314t + \pi/4)$ V,试求通过电炉丝的电流 $i$ 和电炉的平均功率 $P$。

**解**
$$R = \frac{U_N^2}{P_N} = \frac{220^2}{1\,000}\ \Omega = 48.40\ \Omega$$

$$I = \frac{U}{R} = \frac{200}{48.40}\ \mathrm{A} = 4.13\ \mathrm{A}$$

设电流 $i$ 与电压 $u$ 取关联参考方向,则有

$$\Psi_i = \Psi_u = \frac{\pi}{4}$$

$$i = \sqrt{2}I\sin(314t + \Psi_i) = \sqrt{2} \times 4.13\sin\left(314t + \frac{\pi}{4}\right)\mathrm{A}$$

$$= 5.84\sin\left(314t + \frac{\pi}{4}\right)\mathrm{A}$$

$$P = UI = 200 \times 4.13\ \mathrm{W} = 826\ \mathrm{W}$$

## 二、正弦电路中的电感元件

当正弦电流加入电感元件时,根据电磁感应定律电感元件内将产生感应电动势,电感元件两端具有电压。当选取关联参考方向时,如图 3.2.3(a)所示,可求得电感元件两端电压为

$$u = L\frac{\mathrm{d}i}{\mathrm{d}t}$$

设通过电感的电流为 $i = I_m \sin \omega t$ A,则可得电感两端电压为

$$u = L\frac{\mathrm{d}}{\mathrm{d}t}(I_\mathrm{m}\sin\omega t) = \omega LI_\mathrm{m}\cos\omega t$$

$$= \omega LI_\mathrm{m}\sin(\omega t + 90°)$$

$$= U_\mathrm{m}\sin(\omega t + 90°)$$

由此可得电感元件电压与电流的大小关系为

$$U_\mathrm{m} = \omega LI_\mathrm{m}$$

电感元件电压与电流的相位关系为电压超前电流90°，如图3.2.3(b)(c)所示。

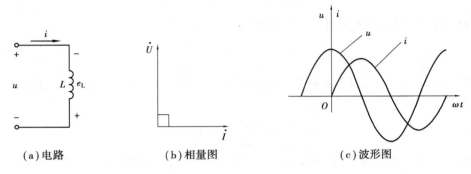

(a)电路    (b)相量图    (c)波形图

图3.2.3　电感元件

为方便表示电感元件电压与电流的关系，现引入新概念——感抗，即电感元件电压与电流幅值(有效值)之比，用 $X_L$ 表示，单位为欧姆($\Omega$)：

$$X_L = \omega L = 2\pi fL = \frac{U}{I} \tag{3.2.5}$$

要注意，感抗只是电压与电流的最大值或有效值之比，而不是瞬时值之比，即 $X_L \neq \dfrac{u}{i}$ 。

若将电流和电压写成相量的形式，并设电流为参考相量，则

$$\dot{I} = I\angle0°, \dot{U} = U\angle90°$$

所以

$$\dot{U} = \mathrm{j}\omega L\dot{I} \tag{3.2.6}$$

当电感电流的初相位为 $\psi_i$ 时，电感电压的初相 $\psi_u = \psi_i + 90°$，电压与电流之间的相位差 $\varphi = \psi_u - \psi_i = 90°$。

电感元件在交流电路中具有限流作用，它的限流、降压作用不仅与元件的电感量 $L$ 的大小有关，还与电感元件工作时的电流频率 $f$ 有关，频率越高，感抗越大，电感的限流能力就越强。在直流电路中，频率 $f = 0$，所以感抗为0，电感元件在直流电路中做短路处理。

【例3.2.4】　一个 $L = 100$ mH 的电感元件，接于 $U = 220$ V 的正弦电源上，求下列两种电源频率下的感抗和电流。

(a)工频。(b)$f = 5\,000$ Hz。

**解**　(a)工频时的感抗

$$X_L = \omega L = 314 \times 100 \times 10^{-3}\ \Omega = 31.4\ \Omega$$

电感元件中的电流有效值

$$I = \frac{U}{X_L} = \frac{220}{31.4}\ \text{A} = 7\ \text{A}$$

（b）$f = 5\,000$ Hz 时的感抗

$$X_L = \omega L = 2\pi f L = 2 \times 3.14 \times 5\,000 \times 100 \times 10^{-3}\ \Omega = 3\,140\ \Omega$$

电感元件中的电流有效值

$$I = \frac{U}{X_L} = \frac{220}{3\,140} = 0.07\ \text{A} = 70\ \text{mA}$$

**【例 3.2.5】**　一电感元件的 $L = 127$ mH，外加电压 $u = 220\sqrt{2}\ \sin(314t + 30°)$ V，求关联参考方向下的电流 $i$。

**解**　感抗为

$$X_L = \omega L = 314 \times 127 \times 10^{-3}\ \Omega = 40\ \Omega$$

电流有效值

$$I = \frac{U}{X_L} = \frac{220}{40}\ \text{A} = 5.5\ \text{A}$$

电流瞬时值表示式

$$i = \sqrt{2}I \sin(314t + 30° - 90°)$$
$$= 5.5\sqrt{2}\ \sin(314t - 60°)\ (\text{A})$$

由瞬时功率的定义可知，电感元件的瞬时功率为

$$p = ui = U_\text{m} \sin(\omega t + 90°) I_\text{m} \sin \omega t = \frac{U_\text{m} I_\text{m}}{2} \sin 2\omega t = UI \sin 2\omega t$$

由上式可知，对于电感元件而言，其瞬时功率的频率为电流与电压的 2 倍，即电流电压变换一个周期，瞬时功率变换两个周期，其波形图如图 3.2.4 所示。

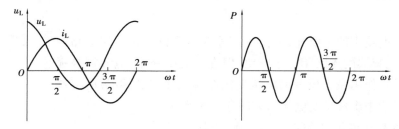

图 3.2.4　电感元件的功率

由图可知，在第一个 1/4 周期内，$u$ 和 $i$ 均为正值，故 $p > 0$，表明电感元件吸收功率。在此期间，$i$ 从零增至 $I_\text{m}$，磁场储能也从零增至最大值 $\frac{1}{2}LI_\text{m}^2$。在第二个 1/4 周期内，$u$ 为负值，$i$ 为正值，故 $p < 0$，表明电感元件发出功率。在此期间，$i$ 从 $i_\text{m}$ 降至零，磁场储能也从 $\frac{1}{2}LI_\text{m}^2$ 降至零。后两个 1/4 周期，除因电流方向改变而产生相反方向的磁场外，能量转换情况与前两个 1/4 周期相同。

由平均功率的定义可知电感元件的平均功率为

$$P = \frac{1}{T}\int_0^T p\mathrm{d}t = 0 \tag{3.2.7}$$

上式表明电感元件的有功功率为 0，即在一个周期内消耗的电能为 0。电感元件的这个特点使得其在交流电路中被广泛应用，如使用电感元件来限制电路中的电流，交流电动机使用的启动电抗器等都应用到了电感线圈。

电感元件在交流电路中没有能量消耗，只与电源进行能量交换，交换过程中，电感的瞬时功率所能达到的最大值称为电感的无功功率 $Q_L$。电感元件瞬时功率的最大值为 $UI$，所以无功功率为

$$Q_L = UI = I^2 X_L = \frac{U^2}{X_L} \tag{3.2.8}$$

习惯上将电感元件的无功功率定为正值。

无功功率 $Q_L$ 不是电感元件做功的功率，它仅反映了电感元件与电源（或电感元件以外的电路）进行能量交换的规模。因此无功功率的单位为 var（乏）或 kvar（千乏）。

**【例 3.2.6】** 已知电感元件的电感 $L = 0.1$ H，外加电压 $u = 220\sqrt{2}\,\sin(314t + 30°)$ V，试求通过电感元件的电流 $i$ 及电感元件的无功功率 $Q_L$。

**解**

$$\dot{I} = \frac{\dot{U}}{\mathrm{j}\omega L} = \frac{220\angle 30°}{\mathrm{j}314 \times 0.1}\,\text{A} = \frac{220\angle 30°}{31.4\angle 90°}\,\text{A} = 7.01\angle -60°\,\text{A}$$

$$i = 7.01 \times \sqrt{2}\sin(314t - 60°)\,\text{A} = 9.91\sin(314t - 60°)\,\text{A}$$

$$Q_L = UI = 220 \times 7.01\,\text{var} = 1\,542.20\,\text{var}$$

# 三、正弦电路中的电容元件

电容器是电路中的重要元件之一，用途非常广泛。在直流电路稳定状态下，含电容器的支路相当于断路，但在交流电路中，电容器极板上的电荷将随着作用在极板上的电压变化而增减，因此使得与电容器极板相连的导线中出现交变电流 $i$，如图 3.2.5 所示。

在关联参考方向下，电容电压与电流之间的关系为

$$i = C\frac{\mathrm{d}u}{\mathrm{d}t}$$

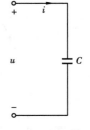

图 3.2.5　电容元件

设电容两端电压为 $u = U_\mathrm{m}\sin \omega t$ V，则电容电流

$$i = C\frac{\mathrm{d}u}{\mathrm{d}t} = C\frac{\mathrm{d}}{\mathrm{d}t}(U_\mathrm{m}\sin \omega t) = \omega C U_\mathrm{m}\cos \omega t$$

$$= \omega C U_\mathrm{m}\sin(\omega t + 90°)$$

$$= I_\mathrm{m}\sin(\omega t + 90°)$$

由此可知，电容两端电压与电流之间的数值关系为

$$I_\mathrm{m} = \omega C U_\mathrm{m}$$

电容两端电压与电流之间的相位关系为电流超前电压 90°。

为方便表示电容两端电压与电流之间的关系,现引入容抗概念。容抗定义为电容元件两端电压与电流的幅值(或有效值)之比,用符号 $X_C$ 表示,单位为欧姆(Ω):

$$X_C = \frac{1}{\omega C} = \frac{1}{2\pi f C} = \frac{U}{I} \tag{3.2.9}$$

要注意,容抗只是电压与电流的最大值或有效值之比,而不是瞬时值之比,即 $X_C \neq \frac{u}{i}$。

用相量形式表示电容两端电压与电流之间的关系为

$$\dot{U} = \frac{\dot{I}}{\mathrm{j}\omega C} = -\mathrm{j}\frac{1}{\omega C}\dot{I} \tag{3.2.10}$$

当电容电压的初相为 $\Psi_u$ 时,电容电流的初相 $\Psi_i = \Psi_u + 90°$,电压与电流之间的相位差 $\varphi = \Psi_u - \Psi_i = -90°$。

电容在交流电路中也具有限流作用,限流作用的大小与电容量 $C$ 成反比,与频率 $f$ 成反比。因为电容越大,电容存储的电荷量就越多,当电容有相同的电压变化时,电容越大,释放(或吸收)的电荷就越多,因此电路中的电流就越大。当频率 $f = 0$ 时,即直流情况下,电容的容抗为无穷大,相当于开路。也就是说,直流电流不能通过电容元件,电容元件具有"隔直"作用。

**【例 3.2.7】**　一个 $C = 100\ \mu\mathrm{F}$ 的电容元件,接于 $u = 220\sqrt{2}\sin(314t + 30°)$ V 的电源上。求:

(a)容抗。

(b)关联方向下的电流 $i$。

(c)画出电压、电流的相量图。

**解**　(a)容抗

$$X_C = \frac{1}{\omega C} = \frac{1}{314 \times 100 \times 10^{-6}}\ \Omega = 31.8\ \Omega$$

(b)电流有效值

$$I = \frac{U}{X_C} = \frac{220}{31.8}\ \mathrm{A} = 6.9\ \mathrm{A}$$

电流瞬时值表示式

$$i = \sqrt{2}I\sin(314t + 30° + 90°) = 6.9\sqrt{2}\sin(314t + 120°)\,(\mathrm{A})$$

(c)相量图如图 3.2.6 所示。电压和电流写成相量的形式,为

$$\dot{U} = U\angle 0°,\ \dot{I} = I\angle 90°$$

所以

$$\dot{I} = \mathrm{j}\omega C\dot{U}$$

电容元件的瞬时功率为

$$p = ui = U_\mathrm{m}\sin\omega t \cdot I_\mathrm{m}\sin(\omega t + 90°)$$

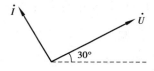

图 3.2.6　【例 3.2.7】图

$$= \frac{U_m I_m}{2}\sin 2\omega t = UI\sin 2\omega t$$

可以看出,对于电容元件而言,其瞬时功率的频率为电流与电压的 2 倍,即电流电压变换一个周期,瞬时功率变换两个周期,其波形图如图 3.2.7 所示。

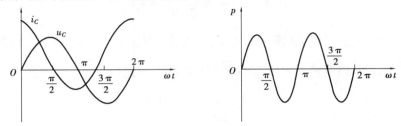

图 3.2.7 电容元件波形图

由图可知,在第一个 1/4 周期内,$u$ 和 $i$ 均为正值,故 $p > 0$,表明电容元件吸收功率。在此期间,$u$ 从零增至 $U_m$,电场储能也从零增至最大值 $\frac{1}{2}CU_m$。在第二个 1/4 周期内,$u$ 为正值,$i$ 为负值,故 $p < 0$,表明电容元件发出功率。在此期间,$u$ 从 $U_m$ 降至零,电场储能也从 $\frac{1}{2}CU_m$ 降至零。后两个 1/4 周期,除因电压方向改变而产生相反方向的电场外,能量转换情况与前面两个 1/4 周期相同。

电容元件的平均功率为

$$P = \frac{1}{T}\int_0^T p\mathrm{d}t = 0 \qquad (3.2.11)$$

上式表明,电容元件的有功功率为 0。即对于理想电容元件而言,没有能量损耗,因此吸收的电能必然和放出的能量相等,一个周期内平均功率应等于零。

电容元件与外部电路进行能量交换时,瞬时功率的最大值称为电容的无功功率 $Q_C$,有

$$Q_C = UI = I^2 X_C = \frac{U^2}{X_C} \qquad (3.2.12)$$

通常以电流为参考得出的电感元件的无功功率 $Q_L$ 定为正值,电容的无功功率 $Q_C$ 为负值。

**【例 3.2.8】** 求【例 3.2.7】中电容元件的无功功率。

**解** 根据式(3.2.12)

$$Q_C = UI = 220 \times 6.9 = 1\ 520\ \mathrm{var} = 1.52\ \mathrm{kvar}$$

**【例 3.2.9】** 已知电容元件的电容 $C = 100\ \mu\mathrm{F}$,电容元件上的电压 $u = 20\sin(10^3 t + 60°)\mathrm{V}$,试求电容元件的电流 $i$ 和电容元件的无功功率 $Q_C$。

**解**

$$U = \frac{20}{\sqrt{2}}\ \mathrm{V} = 10\sqrt{2}\ \mathrm{V}$$

$$X_C = \frac{1}{\omega C} = \frac{1}{10^3 \times 100 \times 10^{-6}}\ \Omega = 10\ \Omega$$

$$\dot{I} = \frac{\dot{U}}{-jX_C} = \frac{10\sqrt{2}\angle 60°}{-j10}\ A = \sqrt{2}\angle(60° + 90°)\ A = \sqrt{2}\angle 150°\ A$$

$$i = 2\sin(10^3 t + 150°)\ A$$

$$Q_C = UI = 10\sqrt{2} \times \sqrt{2}\ var = 20\ var$$

## 四、RL 串联电路分析

图 3.2.8 为 RL 串联电路。在 RL 串联电路中,设电阻为 R,感抗为 $X_L$。因电流相同,所以相量电压关系式又可写成

$$\dot{U} = \dot{I}(R + jX_L)$$

设 $Z = R + jX_L$,Z 称为此串联电路的复数阻抗,简称阻抗。可通过阻抗 Z 将电路中的相量电压和相量电流联系起来。

阻抗的模 $|Z|$ 为

$$|Z| = \sqrt{R^2 + X_L^2} = \frac{U}{I}$$

阻抗的辐角 $\varphi$ 为(阻抗角):

图 3.2.8　RL 串联电路

$$\varphi = \arctan\frac{X_L}{R} = \arctan\frac{\omega L}{R}$$

1)瞬时功率

图 3.2.8 所示的 RL 串联电路,在关联参考方向下,吸收的瞬时功率为

$$p = ui = (u_R + u_L)i = u_R i + u_L i = p_R + p_L$$

RL 串联电路的瞬时功率等于电阻元件的瞬时功率和电感元件的瞬时功率之和。

2)有功功率(平均功率)

电路的有功功率是瞬时值 p 在一周期内的平均值,用大写字母 P 表示。因为 $p = p_R + p_L$,所以 p 的平均值等于 $p_R$ 的平均值和 $p_L$ 的平均值之和。由于后者为零,因此电路的有功功率 P 等于 $p_R$ 的平均值 $P_R$。

$$P = P_R = U_R I$$

根据 RL 串联电路的电压三角形,$U_R = U\cos\varphi$,故

$$P = UI\cos\varphi \qquad\qquad (3.2.13)$$

式(3.2.13)是 RL 串联电路的有功功率计算式。它与直流功率的计算式 $P = UI$ 不同。它等于 U 与 I 的乘积,再乘以一个系数 $\cos\varphi$。其中,$\varphi$ 是电路的阻抗角,也是电压与电流的相位差。

3)无功功率

RL 串联电路只有电感元件是储能元件,所以电路的无功功率 Q 就是电感元件的无功功率 $Q_L$,它等于电感电压 $U_L$ 与电流 I 的乘积,即

$$Q = Q_L = U_L I = UI \sin \varphi \qquad (3.2.14)$$

无功功率的大小反映了电路与电源交换功率的规模。

4)视在功率

电路端电压和电流有效值的乘积称为视在功率,用大写字母 $S$ 表示,即

$$S = UI \qquad (3.2.15)$$

其单位为 V·A(伏·安),较大的单位为 kV·A(千伏·安)和 MV·A(兆伏·安)。

有功功率 $P$、无功功率 $Q$、视在功率 $S$ 三者之间有以下关系

$$S = \sqrt{P^2 + Q^2} \qquad (3.2.16)$$

显然 $P$、$Q$、$S$ 构成一个直角三角形,如图3.2.9所示。阻抗三角形、电压三角形和功率三角形是3个相似三角形,它们的大小依次递增 $I$ 倍。

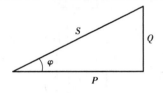

图3.2.9　功率三角形

5)功率因数

有功功率与视在功率的比值称为功率因数,用小写希腊字母 $\lambda$ 表示,则

$$\lambda = \cos \varphi = P/S \qquad (3.2.17)$$

式中 $\varphi$ 称为功率因数角,它是电压与电流的相位差,也是电路的阻抗角。

当视在功率一定时,功率因数越高,电路消耗的有功功率越大。

【例3.2.10】　已知一个 $RL$ 串联电路,其电阻和感抗均为 10 Ω,在线路上加100 V交流电压时,电流是多少?电流电压的相位差多大?

**解**　电路的阻抗为

$$|Z| = \sqrt{R^2 + X_L^2} = \sqrt{10^2 + 10^2} = 10\sqrt{2} \ \Omega = 14.1 \ \Omega$$

电路中的电流为

$$I = U/|Z| = 100/14.1 = 7.1 \ A$$

电流电压的相位差为

$$\varphi = \arctan(X_L/R) = \arctan(10/10) = 45°$$

答:电流为7.1 A,相位差45°。

【例3.2.11】　把一块电磁铁接到220 V,50 Hz的电源上,只有当电流达15 A以上时才能吸住电磁铁。已知线圈的电阻 $X_L = 8$ Ω,求线圈电阻不能大于何值。

**解**　　　　　$$|Z| = U/I = 220/15 = 14.7(\Omega)$$

$$R = \sqrt{|Z|^2 - X_L^2} = \sqrt{14.7^2 - 8^2} = 12.3(\Omega)$$

答:$R$ 小于12.3 Ω时才符合要求。

【例3.2.12】　一个线圈接到220 V的直流电源上时,其功率为1.21 kW,接到50 Hz,220 V的交流电源上时,其功率为0.64 kW,求线圈的电阻和电感。

**解**　　　　　$$R = U^2/P = 220^2/1\ 210 = 40(\Omega)$$

$$P = I^2 R$$

$$I = \sqrt{P/R} = \sqrt{640/40} = 4(\text{A})$$

$$|Z| = U/I = 220/4 = 55(\Omega)$$

$$X_L = \sqrt{|Z|^2 - R^2} = 11.93(\Omega)$$

$$L = X_L/\omega = 11.93/(2 \times 3.14 \times 50) = 0.38(\text{H})$$

答:电阻为 40 Ω,电感为 0.38 H。

【例 3.2.13】　一个 RL 串联电路,$R = 30$ Ω,$L = 127$ mH,通过 $I = 2$ A 的工频正弦电流,求电路的 $P$、$Q$、$S$ 和 $\lambda$。

**解**　先求感抗和阻抗

$$X_L = \omega L = 314 \times 127 \times 10^{-3} = 40(\Omega)$$

$$|Z| = \sqrt{R^2 + X_L^2} = \sqrt{30^2 + 40^2} = 50(\Omega)$$

阻抗角

$$\varphi = \arctan \frac{X_L}{R} = \arctan \frac{40}{30} = 53.1°$$

电路端电压有效值

$$U = |Z|I = 50 \times 2 = 100(\text{V})$$

有功功率

$$P = UI \cos \varphi = 100 \times 2 \times \cos 53.1° = 120(\text{W})$$

无功功率

$$Q = UI \sin \varphi = 100 \times 2 \times \sin 53.1° = 160(\text{var})$$

视在功率

$$S = UI = 100 \times 2 = 200(\text{V} \cdot \text{A})$$

功率因数

$$\lambda = \cos \varphi = \cos 53.1° = 0.6$$

【例 3.2.14】　一电感线圈,通过工频正弦电流 $I = 1$ A 时,测得端电压 $U = 20$ V,有功功率 $P = 12$ W,求此线圈的参数 $R$ 和 $L$。

**解**　线圈的阻抗

$$|Z| = \frac{U}{I} = \frac{20}{1} = 20(\Omega)$$

线圈的电阻

$$R = \frac{P}{I^2} = \frac{12}{I^2} = 12(\Omega)$$

线圈感抗和电感

$$X_L = \sqrt{|Z|^2 - R^2} = \sqrt{20^2 - 12^2} = 16(\Omega)$$

$$L = \frac{X_L}{\omega} = \frac{16}{314} = 0.051(\text{H}) = 51(\text{mH})$$

【例 3.2.15】　日光灯导通后,镇流器与灯管串联。镇流器可用电感元件为其模型,灯管可用电阻元件为其模型。一个日光灯电路的 $R = 300\ \Omega$、$L = 1.66\ H$，工频电源的电压为 220 V，试求：电源电压与灯管电流的相位差、灯管电流、灯管电压、镇流器电压。

**解** 这是 $RL$ 串联电路，镇流器的感抗

$$X_L = \omega L = 100\pi \times 1.66 = 521.5(\Omega)$$

电路的复阻抗

$$Z = R + jX_L = 300 + j521.5 = 601.6\angle60.01°(\Omega)$$

所以电源电压比灯管电流超前 60.01°。

灯管电流

$$I = \frac{U}{|Z|} = \frac{220}{601.6} = 0.365\ 7(A)$$

灯管电压、镇流器电压各为

$$U_R = RI = 300 \times 0.365\ 7 = 109.7(V)$$

$$U_L = X_L I = 521.5 \times 0.365\ 7 = 190.7(V)$$

## 实践知识

日光灯电路由灯管、镇流器和启辉器三个主要部分组成，由于镇流器的存在，日光灯电路为电感、电阻性电路，故使用电阻与电感串联电路来模拟日光灯电路。

交流元件的参数 $R$、$L$、$C$ 可以用交流电桥直接测量，也可以在正弦交流电路中用交流电流表、交流电压表和功率表测取交流电流 $I$、电压 $U$ 和功率 $P$，然后通过计算来求得，这种方法称为三表法。三表法所用的都是普通常用仪表，有助于建立清楚的物理概念，但测量误差大。电源频率为已知，若测出线圈的端电压 $U_L$、通过线圈的电流 $I$ 及线圈的功率 $P$ 后，根据 $P = I^2 r$、$Z = \sqrt{r^2 + X_L^2}$、$X_L = 2\pi fL$ 等公式即可计算 $r$ 及 $L$ 的数值。

用三电压表法测线圈参数是一种较为简单的测量方法，待测线圈与一个已知其阻值的电阻串联，外加已知频率的正弦电压，用交流电压表分别测量已知电阻 $R$ 的电压 $U_R$，待测线圈的端电压 $U_L$ 及总电压 $U$，然后按比例画出 $\dot{U}_R$、$\dot{U}_L$、$\dot{U}$ 的相量图。把 $\dot{U}_L$ 分解为与 $\dot{U}_R$ 同相的 $\dot{U}_r$ 及超前于 $\dot{U}_R$ 90° 的 $\dot{U}_{L'}$，如图 3.2.10（b）所示，因为 $\frac{U_r}{U_R} = \frac{r}{R}$ 及 $\frac{X_L}{R} = \frac{U_{L'}}{U_R}$，故可算出 $r$ 及 $X_L$，再根据 $X_L = 2\pi fL$ 算出 $L$。

## 【任务简介】

1）任务描述

（1）学会单相调压器和单相瓦特表的使用方法。

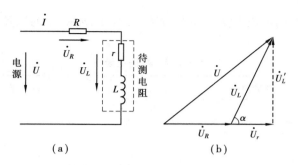

图 3.2.10　实验模拟电路图

（2）掌握交流电流表、交流电压表和瓦特表，测量线圈参数（$r$ 及 $L$ 值）的方法。

（3）通过本实验为在实际工作中从事输电、变电检修等方面打下良好的基础。

2）任务要求

测量线圈的阻值与电感。

3）实施条件

表 3.2.1　线圈参数的测定

| 项　　目 | 基本实施条件 | 备　　注 |
|---|---|---|
| 场地 | 电工实验室 | |
| 设备 | 单相调压器一台；单相瓦特表一块；交流电流表一块；交流电压表一块；空心线圈一个（$L$ 约为 0.12 H，$r$ 约为 7 Ω） | |
| 工具 | 导线若干 | |

## 【任务实施】

1）操作过程

（1）用电流表、电压表和瓦特表三表法测量线圈参数按图 3.2.11 接线，单相调压器放在零位，经老师检查后，合上开关 K，逐渐将调压器的电压从 0 升到 50 V，记录电流表、电压表、瓦特表的读数于表 3.2.2 中。

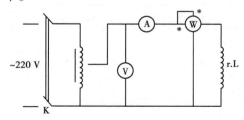

图 3.2.11　实验接线电路图

（2）用三电压表法测线圈参数。按图 3.2.11 接线，经检查合上 K，逐渐将调压器的电压

111

从 0 升到 50 V,测量总的电压 $U$,$R$ 上的压降 $U_R$ 及空心线圈 $U_L$ 的压降并记入表 3.2.3 中。

2)数据记录

表 3.2.2　数据记录表

| 测量值 | | 计算值 | |
|---|---|---|---|
| $U/V$ | | $r/\Omega$ | |
| $I/A$ | | | |
| $P/W$ | | $L/H$ | |

表 3.2.3　数据记录表

| 测量值 | | 计算值 | |
|---|---|---|---|
| $U/V$ | | $U_r = U_L\cos\alpha$ | |
| $U_R/V$ | | $U_{L'} = U_L\sin\alpha$ | |
| $U_L/V$ | | $r = R \cdot U_r/U_R$ | |
| | | $L = RU_L/(2\pi f U_R)$ | |

3)注意事项

(1)注意单相调压器的输入端/输出端不能接错,否则会造成短路。

(2)合电源开关前必须检查单相调压器是否在零位。

(3)试验电压要按实验指导书上规定的值不能超过,否则会损坏线圈。

4)思考题

(1)将两种接线方式所测得线圈的参数与线圈的值比较,分析两种接线方式的适用范围。

(2)如何用实验方法判别负载是感性还是容性?

(3)用三表法测得的数据,计算出线圈的参数 $r$ 及 $L$。

(4)用三电压表法测得的参数求出 $r$、$L$,并与第一种方法进行比较。

5)检查及评价

表 3.2.4　检查与评价

| 考评项目 | | 自我评估 20% | 组长评估 20% | 教师评估 60% | 小计 100% |
|---|---|---|---|---|---|
| 素质考评<br>(20 分) | 劳动纪律(5 分) | | | | |
| | 积极主动(5 分) | | | | |
| | 协作精神(5 分) | | | | |
| | 贡献大小(5 分) | | | | |
| 实训安全操作规范,实验装置和相关仪器摆放情况(20 分) | | | | | |

续表

| 考评项目 | 自我评估 20% | 组长评估 20% | 教师评估 60% | 小计 100% |
|---|---|---|---|---|
| 过程考评 60 | | | | |
| 总分 | | | | |

# 任务 3.3　*RLC* 串联电路分析应用

## 【任务目标】

- 知识目标

(1)掌握 *RLC* 串联电路中各元件电气量之间的关系；

(2)掌握 *RLC* 串联电路的分析方法；

(3)掌握 *RLC* 串联谐振含义与分析。

- 能力目标

(1)能识读电路图；

(2)能正确按图接线；

(3)能使用电流表、电压表、万用表等进行电阻与电感参数的测量；

(4)能进行实验数据分析；

(5)能完成实验报告填写。

- 态度目标

(1)能主动学习,在完成任务过程中发现问题、分析问题和解决问题；

(2)能与小组成员协商、交流配合完成本次学习任务,养成分工合作的团队意识；

(3)严格遵守安全规范,爱岗敬业、勤奋工作。

## 【任务描述】

班级学生自由组合为若干个实验小组,各实验小组自行选出组长,并明确各小组成员的角色。在电工实验室中,各实验小组按照《Q/GDW 1799.1—2013 国家电网公司电力安全工作规程》、进网电工证相关标准的要求,进行 *RLC* 串联电路各电气量的测量。

## 【任务准备】

课前预习相关知识部分,独立回答下列问题:
(1)RLC 串联电路中各元件电气量的关系?
(2)RLC 串联电路中的功率关系?
(3)RLC 串联谐振产生的条件?

## 【相关知识】

## 理论知识

## 一、RLC 串联电路电流与电压的关系

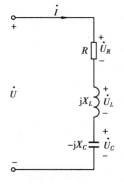

图 3.3.1 RLC 串联电路

RLC 串联电路如图 3.3.1 所示。对于串联电路而言,其所有元件的电流相同,即电阻、电感与电容的电流相同。因此,可选择电流为参考相量,假设流经 RLC 串联电路的电流为 $i = I_m \sin \omega t$,初相角为零。

设电阻、电感与电容的电压分别为 $u_R$、$u_L$ 与 $u_C$,则其对应的电压有效值分别为

$$U_R = IR, U_L = IX_L, U_C = IX_C$$

通过画相量图的方法即可求出总电压,如图 3.3.2 所示。图 3.3.3 称为电压三角形,可反映出 RLC 串联电路中各电压之间的关系。

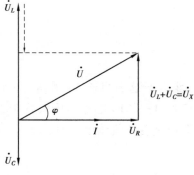

图 3.3.2 RLC 串联电路相量图

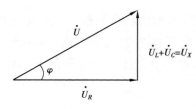

图 3.3.3 电压三角形

其中 $\dot{U}_X = \dot{U}_L + \dot{U}_C$，称为电抗电压，其有效值为 $U_X = U_L - U_C$。

由电压三角形可求得端电压的有效值，即

$$U = \sqrt{U_R^2 + U_X^2} = \sqrt{U_R^2 + (U_L - U_C)^2} \tag{3.3.1}$$

也可求得端电压与电流的相位差，为

$$\varphi = \arctan \frac{U_X}{U_R} = \arctan \frac{U_L - U_C}{U_R} \tag{3.3.2}$$

在串联电路中，因电流相同，所以相量电压关系式又可写成

$$\dot{U} = \dot{I}(R + jX_L - jX_C) \tag{3.3.3}$$

设 $Z = R + j(X_L - X_C)$，$Z$ 称为此串联电路的复数阻抗，简称阻抗。其中 $X = X_L - X_C$，称为电抗。感抗 $X_L$ 和容抗 $X_C$ 总是正的，电抗 $X$ 则是代数量，可正也可负。可通过阻抗 $Z$ 将电路中的相量电压和相量电流联系起来。

阻抗的模 $|Z|$ 为

$$|Z| = \sqrt{R^2 + (X_L - X_C)^2} = \sqrt{R^2 + X^2} = \frac{U}{I} \tag{3.3.4}$$

阻抗三角形的底角 $\varphi$ 称为阻抗角，也就是端电压与端电流的相位差，于是可得相位差与电路参数的关系。

阻抗的辐角 $\varphi$（阻抗角）为：

$$\varphi = \arctan \frac{X}{R} = \arctan \frac{X_L - X_C}{R} = \arctan \frac{\omega L - \dfrac{1}{\omega C}}{R} \tag{3.3.5}$$

$R$、$(X_L - X_C)$ 和 $|Z|$ 三者之间的关系可用一个直角三角形表示，如图 3.3.4（a）所示，称为阻抗三角形。它与电压有效值三角形是相似三角形，如图 3.3.4（b）所示。

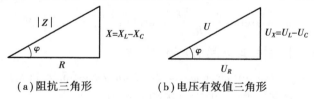

（a）阻抗三角形　　　　　　（b）电压有效值三角形

图 3.3.4　阻抗三角形

由上所述可见：

$RLC$ 串联电路的端电压与电流有效值之比值等于阻抗 $|Z|$，$|Z|$ 与 $R$、$(X_L - X_C)$ 构成阻抗三角形，它与电压三角形是相似三角形。阻抗角 $\varphi$ 取决于电路的参数与电源的频率，它反映了端电压与电流的超前与滞后关系。

根据式（3.3.5），随着 $X_L$ 和 $X_C$ 的值不同，$RLC$ 串联电路有三种情况。

（1）$X_L > X_C$。此时 $\varphi > 0$，表明电压超前于电流。图 3.3.4（b）的相量图就是按这种情况画出的，这种电路称为电感性电路。

（2）$X_L < X_C$。此时 $\varphi < 0$，表明电压滞后于电流。其相量图如图 3.3.5 所示，这种电路称为电容性电路。

（3）$X_L = X_C$。此时 $\varphi = 0$，表明电压和电流同相位。其相量图如图 3.3.6 所示，这种电路称为电阻性电路。由于电路在这种情况下发生谐振，有其特殊的一些现象，将在以后专门进行讨论。

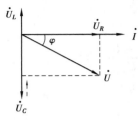 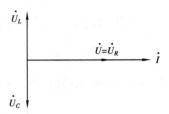

图 3.3.5　电容性电路的相量　　　　图 3.3.6　电阻性电路的相量

【例 3.3.1】　已知 RLC 串联电路的 $R = 8\ \Omega$、$X_L = 10\ \Omega$、$X_C = 4\ \Omega$，通过 $I = 2$ A 的正弦电流。试完成：

（a）求电路端电压的有效值。

（b）以电流 $i$ 为参考正弦量，写出电路端电压 $u$ 的表达式。

（c）以端电压为参考正弦量，写出电流 $i$ 的表达式。

**解**　（a）电路的阻抗

$$|Z| = \sqrt{R^2 + (X_L - X_C)^2} = \sqrt{8^2 + (10 - 4)^2} = 10\ (\Omega)$$

端电压有效值

$$U = |Z|I = 10 \times 2 = 20\ (\text{V})$$

（b）以电流为参考正弦量，即设电流的初相为零，则

$$i = I_m \sin \omega t = 2\sqrt{2}\ \sin \omega t\ (\text{A})$$

而阻抗角

$$\varphi = \arctan \frac{X_L - X_C}{R} = \arctan \frac{10 - 4}{8} = 36.9°$$

$\varphi > 0$，表明电路为电感性，即 $u$ 超前 $i$ $36.9°$，故

$$U = U_m \sin(\omega t + \varphi) = 20\sqrt{2}\sin(\omega t + 36.9°)\ (\text{V})$$

（c）以端电压 $u$ 为参考正弦量，即设电压的初相为零，则

$$U = U_m \sin\omega t = 20\sqrt{2} \sin \omega t\ (\text{V})$$

因 $u$ 超前 $i$ $36.9°$，也就是 $i$ 滞后于 $u$ $36.9°$，故 $i = I_m \sin(\omega t - \varphi) = 2\sqrt{2}\sin(\omega t - 36.9°)$ A。

【例 3.3.2】　已知 RLC 串联电路中，$R$ 为 $4\ \Omega$，$X_L$ 为 $9\ \Omega$，$X_C$ 为 $6\ \Omega$，电源电压 $U$ 为 100 V，试求电路中的电压和电流的相位差及电阻、电感和电容上的电压。

**解**　已知 $U = 100$ V，$X_L = 9\ \Omega$，$X_C = 6\ \Omega$，$R = 4\ \Omega$。由此得出

电路的电抗 $X = X_L - X_C = 9 - 6 = 3\ (\Omega)$

电路的阻抗 $|Z| = \sqrt{R^2 + X^2} = 5\ (\Omega)$

则电路中的电流 $I = U/|Z| = 100/5 = 20\ (\text{A})$

电压和电流的相位差为

$$\psi = \arctan(X/R) = \arctan(3/4) = 36.87°$$

电阻上的电压为

$$U_R = IR = 20 \times 4 = 80(\text{V})$$

电感上的电压为

$$U_L = IX_L = 20 \times 9 = 180(\text{V})$$

电容上的电压为

$$U_C = IX_C = 20 \times 6 = 120(\text{V})$$

答:相位差为 36.87°,电阻、电感、电容上的电压分别为 80 V、180 V 和 120 V。

【例 3.3.3】 在 $RLC$ 串联电路中,已知 $R = 3\ \Omega$,$L = 12.74\ \text{mH}$,$C = 398\ \mu\text{F}$,电源电压 $U = 220\ \text{V}$,$f = 50\ \text{Hz}$,选定电源电压为参考正弦量。

(a)求电路中的电流相量及电压相量;(b)写出 $i$、$U_R$、$U_L$、$U_C$ 的解析式。

**解**　(a)求电路中的电流相量及电压相量

$$\omega = 2\pi f = 2 \times 3.14 \times 50\ \text{rad/s} = 314\ \text{rad/s}$$

$$X_L = \omega L = 314 \times 12.74 \times 10^{-3}\ \Omega = 4\ \Omega$$

$$X_C = \frac{1}{\omega C} = \frac{1}{314 \times 398 \times 10^{-6}}\ \Omega = 8\ \Omega$$

$$Z = R + \text{j}(X_L - X_C) = [3 + \text{j}(4 - 8)]\ \Omega = (3 - \text{j}4)\ \Omega = 5\angle - 53.1°\ \Omega$$

$$\dot{U} = U\angle 0° = 220\angle 0°\ \text{V}$$

设备电压和电流的参考方向均一致,故有

$$\dot{I} = \frac{\dot{U}}{Z} = \frac{220\angle 0°}{5\angle - 53.1°}\ \text{A} = 44\angle 53.1°$$

$$\dot{U}_R = R\dot{I} = 3 \times 44\angle 53.1° = 132\angle 53.1°\text{V}$$

$$\dot{U}_L = \text{j}X_L\dot{I} = 4\angle 90° \times 44\angle 53.1° = 176\angle 143.1°\text{V}$$

$$\dot{U}_C = -\text{j}X_C\dot{I} = 8\angle - 90° \times 44\angle 53.1° = 352\angle - 36.9°\text{V}$$

(b)根据电压、电流的相量式,写出对应的解析式为

$$i = 44\sqrt{2}\sin(314t + 53.1°)\text{A}$$

$$u_R = 132\sqrt{2}\sin(314t + 53.1°)\text{V}$$

$$u_L = 176\sqrt{2}\sin(314t + 143.1°)\text{V}$$

$$u_C = 352\sqrt{2}\sin(314t - 36.9°)\text{V}$$

## 二、$RLC$ 串联电路功率关系

图 3.3.7(a)所示的 $RLC$ 串联电路,电压和电流取参考方向时,电路吸收的瞬时功率为

$$p = ui = (u_R + u_L + u_C)i = p_R + p_L + p_C$$

图 3.3.7(b)画出了以电流为参考正弦量时 $p_L$ 和 $p_C$ 的波形,以及它们之和 $(p_L + p_C)$ 的波形。因 $u_L$ 与 $u_C$ 反向,故 $p_L$ 与 $p_C$ 的符号总是相反的。

当 $p_L$ 为正值时,电感吸收能量,而此时 $p_C$ 为负值,电容放出能量;当 $p_L$ 为负值时,电感放出能量,而此时 $p_C$ 为正值,电容吸收能量。因此,$L$ 与 $C$ 之间正好进行能量交换,既相互补偿,补偿后的差值再与电源进行交换。

$(p_L + p_C)$ 的曲线与电阻元件 $R$ 的瞬时功率 $p_R$ 的曲线相加,可得到整个电路的瞬时功率 $p$ 的曲线,如图 3.3.7(c)所示。

瞬时功率的实用意义不大,但从曲线可以看出,一个周期内有两段时间 $p > 0$,此时电路从电源吸收能量,其中一部分供电阻消耗,另一部分转变成场能储存在储能元件中,其余两段时间 $p < 0$。此时电路发出能量,这是因为储能元件放出场能,除一部分供电阻消耗外,其余送回电源。由于 $p$ 曲线与时间轴所围的正面积大于负面积,所以电路的平均功率不为零。

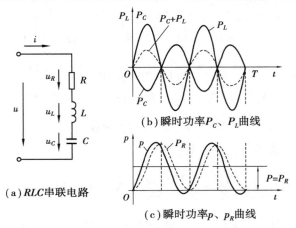

图 3.3.7　RLC 串联电路及瞬时功率的波形

1)有功功率

有功功率是指瞬时功率在一周期内的平均值。由于 $p_L$ 和 $p_C$ 在一周期内的平均值为零,所以电路瞬时功率 $p$ 的平均值等于电阻元件瞬时功率 $p_R$ 的平均值,即 $P = P_R = U_R I$。

根据 RLC 串联电路的电压三角形,$U_R = U\cos\varphi$,故

$$P = U_R I = UI\cos\varphi \tag{3.3.6}$$

或

$$P = I^2 R = \frac{U_R^2}{R}$$

所以 RLC 串联电路的有功功率就是电阻元件消耗的有功功率。

2)无功功率

无功功率是指储能元件与电源交换功率的最大值,由于电感元件和电容元件的瞬时功率在相互补偿,与电源交换的只是它们的差值,因此 RLC 电路的无功功率为

$$Q = Q_L - Q_C = U_L I - U_C I = (U_L - U_C)I = U_X I = UI\sin\varphi \tag{3.3.7}$$

或

$$Q = I^2 X = \frac{U_X^2}{X}$$

单位为 var(乏)。

$Q_L$ 和 $Q_C$ 总为正值,$Q$ 则可正可负。当电路呈感性($X_L > X_C$)时,电感元件的磁场储能与电容元件的电场储能交换外,多余的部分再与电源进行交换。$Q > 0$,表示其为电感性无功功率。当电路呈容性($X_L < X_C$)时,电容的电场储能除与电感元件的磁场储能交换外,多余部分再与电源交换。$Q < 0$,表示其为电容性无功功率。无功功率只用来表明电路与电源交换功率的规模,而不代表消耗功率。但在电力系统中,习惯将 $Q > 0$ 称为电路消耗无功功率,而将 $Q < 0$ 称为电路"发出"无功功率。

3)视在功率

电路的端电压和电流有效值的乘积称为视在功率,即

$$S = UI$$

或

$$S = I^2 |Z| = \frac{U^2}{|Z|} \tag{3.3.8}$$

单位为 V·A(伏·安)。

$P$、$Q$、$S$ 三者关系如图 3.3.8 所示。图中 $P$ 为有功功率,表示电阻元件消耗的电功率;$Q$ 为无功功率,表示电感电容与电源交换功率的最大值;$S$ 为视在功率,单位为伏安(V·A),表示电路的总功率。通常,用电设备的额定电压与额定电流的乘积为额定视在功率。

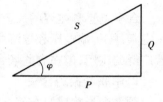

图 3.3.8　功率三角形

根据功率三角形可得

$$P = S \cos \varphi, Q = S \sin \varphi, S = \sqrt{P^2 + Q^2}$$

即三者构成直角三角形关系,与 $RL$ 串联电路不同的是,$RLC$ 串联电路的功率因数角可正可负。

4)功率因数

与 $RL$ 电路一样,$RLC$ 串联电路的有功功率与视在功率的比值为功率因数,即

$$\lambda = \cos \varphi = \frac{P}{S} \tag{3.3.9}$$

也可以写成

$$\lambda = \cos \varphi = \frac{R}{|Z|} = \frac{U_R}{U}$$

【例 3.3.4】　一 $RLC$ 串联电路,$R = 40\ \Omega$,$X_L = 50\ \Omega$,$X_C = 80\ \Omega$,通过 $I = 2$ A 的正弦电流,求电路的 $P$、$Q$、$S$ 和 $\lambda$,并画出功率三角形。

**解**　先求电路的阻抗和阻抗角

$$|Z| = \sqrt{R^2 + (X_L - X_C)^2} = \sqrt{40^2 + (50 - 80)^2} = 50(\Omega)$$

$$\varphi = \arctan \frac{X_L - X_C}{R} = \arctan \frac{50 - 80}{40} = -36.9°(电容性)$$

电路端电压有效值

$$U = |Z|I = 50 \times 2 = 100(\mathrm{V})$$

有功功率

$$P = UI\cos \varphi = 100 \times 2 \times \cos(-36.9°) = 160(\mathrm{W})$$

无功功率

$$Q = UI\sin \varphi = 100 \times 2 \times \sin(-36.9°) = -120(\mathrm{var})$$

视在功率

$$S = UI = 100 \times 2 = 200(\mathrm{V \cdot A})$$

功率因数

$$\lambda = \cos \varphi = \cos(-36.9°) = 0.8$$

功率三角形如图 3.3.9 所示。

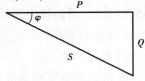

图 3.3.9 【例 3.3.4】图

# 三、RLC 串联电路串联谐振

含有电感和电容的交流电路,在一般情况下,电路的端电压和电流是有相位差的。但在一定条件下,端电压和电流可能出现同相位的现象,称电路发生谐振。谐振在电信工程中有着广泛的应用,但在有些场合也可能造成某种危害,因此研究谐振有着重要的实用意义。

1)串联谐振的含义

频率会影响感抗与容抗的大小,因此,RLC 串联电路的端口电压与电流之间的相位差会随着频率的变化而变化。对于 RLC 串联电路而言,若其端口电压与电流同相位时,整个电路呈阻性,这种状态称为谐振,如图 3.3.10 所示。

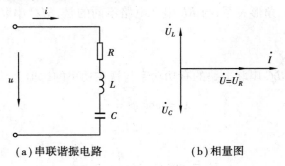

(a)串联谐振电路　　　　　　　　(b)相量图

图 3.3.10　RLC 串联谐振电路

由谐振的定义可知,RLC 串联电路发生谐振的条件为

$$U_L = U_C$$

由此可推出 $X_L = X_C$。

因 $X_L = \omega L = 2\pi f L, X_C = \dfrac{1}{\omega C} = \dfrac{1}{2\pi f C}$，将其代入 $X_L = X_C$，可求得

谐振时的角频率

$$\omega_0 = \frac{1}{\sqrt{LC}} \qquad (3.3.10)$$

谐振频率

$$f_0 = \frac{1}{2\pi\sqrt{LC}} \qquad (3.3.11)$$

由上式可见，$f_0$ 取决于电路的参数 $L$ 和 $C$，而与 $R$ 无关。只要 $L$ 和 $C$ 一定，就有一个与之对应的谐振频率 $f_0$。所以 $f_0$ 反映了电路的一种固有的性质，也称为电路的固有频率。只有当外加电压的频率 $f = f_0$ 时，电路才发生谐振。

如果外加电压的频率一定，也可以通过改变 $L$ 或 $C$ 来使电路达到谐振。收音机电路就是通过调节可变电容器来使电路达到谐振的。调节谐振的过程称为调谐。

【例 3.3.5】　一收音机的输入电路中，电感 $L = 0.233$ mH 与可调电容 $C = 42.5 \sim 360$ pF 串联，求谐振的频率范围。

**解**　$C = 42.5$ pF 时的谐振频率

$$f_0 = \frac{1}{2\pi\sqrt{LC}} = \frac{1}{2\pi\sqrt{0.233 \times 10^{-3} \times 42.5 \times 10^{-12}}} = 1\,600 \times 10^3 \text{ Hz} = 1\,600 \text{ kHz}$$

$C = 360$ pF 时的谐振频率

$$f_0 = \frac{1}{2\pi\sqrt{LC}} = \frac{1}{2\pi\sqrt{0.233 \times 10^{-3} \times 360 \times 10^{-12}}} = 550 \times 10^3 \text{ Hz} = 550(\text{kHz})$$

频率范围为 $550 \sim 1\,600$ kHz。

【例 3.3.6】　某串联电路中 $R = 10\ \Omega$、$L = 64\ \mu\text{H}$、$C = 100\ \mu\text{F}$，电源电动势 $E = 0.5$ V，求发生谐振时各元件上的电压。

**解**

$$\omega_0 = \frac{1}{\sqrt{64 \times 10^{-6} \times 100 \times 10^{-6}}} = \frac{10^6}{80}$$

$$U_R = 0.5(\text{V})$$

$$I = E/R = 0.05(\text{A})$$

$$U_L = I\omega_0 L = 0.05 \times (10^6/80) \times 64 \times 10^{-6} = 0.04(\text{V})$$

$$U_C = I(1/\omega_0 C) = 0.05 \times [80/(10^6 \times 100 \times 10^{-6})] = 0.04(\text{V})$$

答：$U_R$ 为 0.5 V，$U_L$ 为 0.04 V，$U_C$ 为 0.04 V。

2）串联谐振的特征

(1) 电路的阻抗最小，同时电路电流最大。阻抗可由下式求得

$$|Z| = \sqrt{R^2 + \left(\omega L - \frac{1}{\omega C}\right)^2} = R$$

串联谐振电路中的电流为

$$I_0 = \frac{U}{|Z|} = \frac{U}{R}$$

达到谐振时电流的最大值,称为谐振电流,实际电路中常以出现谐振电流 $I_0$ 来判断是否发生谐振。

(2)电感电压和电容电压大小相等,方向相反。发生谐振时的感抗和容抗称为特性阻抗,记为 $\rho$,即

$$\rho = \omega_0 L = \frac{1}{\omega_0 C} = \frac{1}{\sqrt{LC}} L = \sqrt{\frac{L}{C}} \qquad (3.3.12)$$

特性阻抗 $\rho$ 与电阻 $R$ 的比值,用品质因数 $Q$ 表示,工程上简称 $Q$ 值。

$$Q = \frac{\rho}{R} = \sqrt{\frac{L}{C}} / R \qquad (3.3.13)$$

谐振时的电感电压和电容电压分别为

$$U_L = \omega_0 L I_0 = \frac{\omega_0 L}{R} U = \frac{\rho}{R} U = QU$$

$$U_C = \frac{1}{\omega_0 C} I_0 = \frac{1}{\omega_0 CR} U = \frac{\rho}{R} U = QU$$

因此

$$U_L = U_C = QU$$

实际上,$Q$ 值一般可达几十至几百,因此,在发生串联谐振时,电感电压与电容电压可高出外加电压几十倍以上。在电信电路中,可将微弱的电信号输入串联谐振电路中,通过谐振,可从电容两端提取比输入高 $Q$ 倍的电压信号。在电力电路中,需要避免谐振现象发生,否则电感与电容两端过高的电压可能将电气设备的绝缘击穿。

串联谐振也称为电压谐振。谐振时的电感电压和电容电压大小相等,但相位相反,因而电感电压相量 $\dot{U}_L$ 和电容电压相量 $\dot{U}_C$ 相互抵消,外加电压全部作用于电阻两端,即 $\dot{U} = \dot{U}_R$。

(3)谐振时,电路与电源之间不发生能量交换,能量交换只在电感和电容之间进行。

3)串联谐振的频率特性

频率特性是指电路的感抗、容抗和阻抗随频率变化的特性。

由 $X_L = \omega L$,$X_C = \frac{1}{\omega L}$,$X = X_L - X_C$,$|Z| = \sqrt{R^2 + X^2}$,可画出各量随 $\omega$(或 $f$)的变化曲线,如图 3.3.11(a)所示。

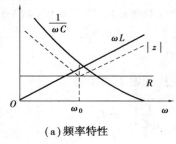

(a)频率特性

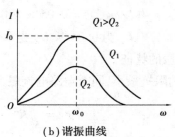

(b)谐振曲线

图 3.3.11　频率特性

谐振曲线即电流 $I$ 随频率 $\omega$（或 $f$）的变化曲线，可由 $I = \dfrac{U}{|Z|}$ 作出，如图 3.3.11（b）所示。

在 $\omega = \omega_0$ 时，$I = I_0 = \dfrac{U}{R}$，称为谐振电流。当电源电压 $U$ 一定时，$I_0 = \dfrac{U}{R}$ 是定值，$R$ 越小，$I_0$ 越大，谐振曲线就越尖锐。电源角频率 $\omega$ 与电路的谐振角频率（即固有振荡角频率）$\omega_0$ 相差越大，则电流减小得越多。当多个幅值相同而频率不同的电源（信号）同时作用于 $RLC$ 串联电路时，角频率与 $\omega_0$ 相同的电流为最大（即达谐振电流），偏离 $\omega_0$ 越远的电流将越小。这表明 $RLC$ 串联电路对非谐振频率的信号具有较强的抑制作用，而对谐振频率的信号则使之显著突出，这种性质称为"选择性"。谐振曲线尖锐与否，和 $R$ 有关，也就是和 $Q$ 值有关。$R$ 越小，$Q$ 值越大，谐振曲线就越尖锐，选择性也就越好。所以 $Q$ 值是反映串联谐振电路性质的一个重要指标，$Q$ 值称为品质因数，原因也在于此。

# 实践知识

# 【任务简介】

1）任务描述

（1）验证 $RLC$ 串联电路中总电压和各元件电压的关系，总阻抗和各元件阻抗的关系，总功率和各元件的功率之间的关系。

（2）了解 $RLC$ 串联电路的三种性质。

（3）加深对串联谐振特点的理解。

2）任务要求

按照操作步骤完成 $RLC$ 串联电路电流电压与功率的测量，观察串联谐振的现象。

3）实施条件

表 3.3.1　线圈参数的测定

| 项　目 | 基本实施条件 | 备　注 |
|---|---|---|
| 场地 | 电工实验室 | |
| 设备 | 单相调压器一台；单相功率表一块；交流电流表一块；交流电压表一块；铁芯线圈一个（$L$ 约为 0.4 H，$r$ 约为 6 Ω）；滑线电阻（210 Ω）一个；电容箱一个 | |
| 工具 | 导线若干 | |

## 【任务实施】

1）实验原理

$RLC$ 串连电路中,根据元件参数 $L$、$C$ 及电源频率 $f$ 的大小不同,有以下三种情况:

（1）当电路的 $X_L > X_C$ 时,得 $U_L > U_C$,阻抗角 $\varphi > 0$,则电压 $U$ 比电流 $I$ 超前,这时的电路称为感性电路。

（2）当电路的 $X_L < X_C$ 时,得 $U_L < U_C$,阻抗角 $\varphi < 0$,则电压 $U$ 比电流 $I$ 滞后,这时的电路称为容性电路。

（3）当电路的 $X_L = X_C$ 时,得 $U_L = U_C$,阻抗角 $\varphi = 0$,则为串连谐振电路,这时的电流 $I_0 = U/(R+r)$ 为最大,$\cos \varphi = 1$。

2）操作步骤

（1）按图 3.3.12 接线。

（2）经检查后,合上电源开关 K,调整调压器,使输出电压至 100 V,并保持不变。

调整电容箱的电容,使其 $X_L > X_C$（特点是 $U_L > U_C$）,$C$ 调至 24 μF 左右,此时 $\cos \varphi$ 指针指在滞后 0.95 左右的位置,即 $\dot{I}$ 滞后 $\dot{U}$,记录各元件的电流、电压和总电压、各元件消耗的功率和总功率于表 3.3.2 中。

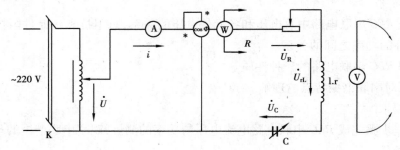

图 3.3.12　$RLC$ 串联电路实验电路图

调整电容量,使其 $X_L < X_C$（特点是 $U_L < U_C$）,$C$ 调至 12 μF 左右,此时 $\cos \varphi$ 指针指在超前 0.8 左右的位置,即 $\dot{I}$ 超前 $\dot{U}$,记录各元件的电流、电压和总电压、各元件消耗的功率和总功率于表 3.3.2 中。

调整电容量,使其 $X_L = X_C$（特点是 $U_L = U_C$）,$C$ 调至 19 μF 左右,此时 $\cos \varphi$ 指针指在 1 的位置,即 $\dot{I}$、$\dot{U}$ 同相,记录各元件的电流、电压和总电压、各元件消耗的功率和总功率于表 3.3.2 中,并观察谐振现象。

3）数据记录

表 3.3.2　数据记录表

| 测量值\项目 | $I/A$ | $U/V$ | $U_R/V$ | $U_{rL}/V$ | $U_C/V$ | $\cos\varphi$ | $P_R/W$ | $P_{rL}/W$ | $P_C/W$ | $P/W$ |
|---|---|---|---|---|---|---|---|---|---|---|
| 感性$(X_L > X_C)$ | | | | | | | | | | |
| 容性$(X_L < X_C)$ | | | | | | | | | | |
| 谐振$(X_L = X_C)$ | | | | | | | | | | |

4）注意事项

（1）实验时应先测电压，后测功率，如发现元件电压超过瓦特表电压线圈的额定电压时，应更换量程。

（2）注意瓦特表和功率因数表使用方法和读数。

（3）实验接线前将调压器放在零位。

5）思考题

（1）仔细推敲实验电路中的接线，特别是功率表和功率因数表的接线及使用。

（2）根据测量数据计算各元件和全电路的参数。

（3）通过实验画出 RLC 电路中三种情况下的相量图。

（4）分析串联谐振电路的特点及作用。

6）检查及评价

表 3.3.3　检查与评价

| 考评项目 | | 自我评估 20% | 组长评估 20% | 教师评估 60% | 小计 100% |
|---|---|---|---|---|---|
| 素质考评（20分） | 劳动纪律（5分） | | | | |
| | 积极主动（5分） | | | | |
| | 协作精神（5分） | | | | |
| | 贡献大小（5分） | | | | |
| 实训安全操作规范，实验装置和相关仪器摆放情况（20分） | | | | | |
| 过程考评（60分） | | | | | |
| 总分 | | | | | |

# 任务 3.4　日光灯电路中功率因数的提高

## 【任务目标】

● 知识目标
(1)掌握 *RLC* 并联电路的分析方法;
(2)掌握功率因数的定义;
(3)掌握提高功率因数的方法。
● 能力目标
(1)能识读电路图;
(2)能正确按图接线;
(3)能掌握提高日光灯电路功率因数的原理与方法;
(4)能进行实验数据分析;
(5)能完成实验报告填写。
● 态度目标
(1)能主动学习,在完成任务过程中发现问题、分析问题和解决问题;
(2)能与小组成员协商、交流配合完成本次学习任务,养成分工合作的团队意识;
(3)严格遵守安全规范,爱岗敬业、勤奋工作。

## 【任务描述】

　　班级学生自由组合为若干个实验小组,各实验小组自行选出组长,并明确各小组成员的角色。在电工实验室中,各实验小组按照《Q/GDW 1799.1—2013 国家电网公司电力安全工作规程》、进网电工证相关标准的要求,进行提高日光灯电路功率因数的操作。

## 【任务准备】

课前预习相关知识部分,独立回答下列问题:
(1)*RLC* 并联电路中的电流电压关系如何?
(2)什么是功率因数?
(3)电力系统中为什么要提高用电负荷的功率因数?
(4)如何提高功率因数?

## 【相关知识】

## 理论知识

### 一、RLC 并联电路

RLC 并联电路如图 3.4.1(a)所示,其中三元件电导为 G、电感为 L、电容为 C,电流电压参考方向已标明。

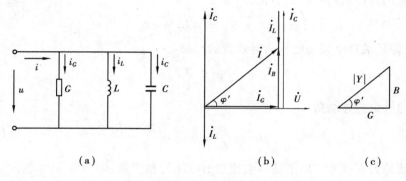

图 3.4.1　RLC 并联电路

1)电压和电流的关系

并联电路中各元件的电压相等,习惯以电压相量为参考相量,如图 3.4.1(b)所示,电阻上的电流 $\dot{I}_G$ 与 $\dot{U}$ 相位相同,电感电流 $\dot{I}_L$ 滞后 $\dot{U}$ 90°,电容电流 $\dot{I}_C$ 超前 $\dot{U}$ 90°。假设 $X_C < X_L$、$B_C > B_L$,所以 $I_C > I_L$。图中用 $\dot{I}_B = \dot{I}_C + \dot{I}_L$ 表示电感电流与电容电流之和。$\dot{I}_G$、$\dot{I}_B$、$\dot{I}$ 组成一个以 $\dot{I}$ 为斜边的直角三角形。

$\dot{I}_L$、$\dot{I}_C$ 反相,表明并联的 L 和 C 的作用也是相互补偿的。

设电压相量为 $\dot{U}$,则各元件的电流相量分别为

$$\dot{I}_G = G\dot{U}$$

$$\dot{I}_L = \frac{1}{jX_L}\dot{U} = -jB_L\dot{U}$$

$$\dot{I}_C = \frac{1}{-jX_C}\dot{U} = jB_C\dot{U}$$

由 KCL 可知,端口电流 $\dot{I}$ 为

$$\dot{I} = \dot{I}_G + \dot{I}_L + \dot{I}_C = \dot{I}_G + \dot{I}_B = [G + \mathrm{j}(B_C - B_L)]\dot{U}$$

$$= (G + \mathrm{j}B)\dot{U} = Y\dot{U}$$

设 $\dot{U} = U\mathrm{e}^{\mathrm{j}\psi u}$，$\dot{I} = I\mathrm{e}^{\mathrm{j}\psi i}$，则

$$\frac{\dot{I}}{\dot{U}} = \frac{I\mathrm{e}^{\mathrm{j}\psi i}}{U\mathrm{e}^{\mathrm{j}\psi u}} = \frac{I}{U}\mathrm{e}^{\mathrm{j}(\psi i - \psi u)} = Y = |Y|\mathrm{e}^{\mathrm{j}\varphi'} = G + \mathrm{j}B \qquad (3.4.1)$$

式中，$Y$ 叫复导纳，它是关联参考方向下网络的端口电流相量与电压相量的比值，单位为 S，$Y$ 是一个复数。复导纳 $Y$ 的实部为电路的电导 $G$，虚部 $B = B_C - B_L$，称为电纳，单位为 S。电纳 $B$ 为代数量，$B_C > B_L$ 时 $B$ 为正值，$B_C < B_L$ 时 $B$ 为负值。

复导纳 $Y$ 的模 $|Y|$ 称为导纳，单位为 S

$$|Y| = \sqrt{G^2 + B^2} = \sqrt{G^2 + (B_C - B_L)^2} \qquad (3.4.2)$$

导纳 $|Y|$ 即是端口电流与电压的有效值的比值

$$|Y| = \frac{I}{U} \qquad (3.4.3)$$

复导纳的辐角为导纳角

$$\varphi' = \arctan\frac{B}{G} = \arctan\frac{B_C - B_L}{G} \qquad (3.4.4)$$

导纳角就是关联参考方向下端口电流超前电压的相位差，即

$$\varphi' = \psi_i - \psi_u$$

$B$ 为正值时 $\varphi'$ 为正值，$B$ 为负值时 $\varphi'$ 为负值。

$RLC$ 并联电路中

$$I_B = GU, I_B = BU, I = |Y|U$$

所以 $G$、$B$、$|Y|$ 组成一个与电流三角形相似的，以 $|Y|$ 为斜边的直角三角形，叫作导纳三角形，如图 3.4.1(c) 所示。

【例 3.4.1】 已知 $R = 25\ \Omega$、$L = 2\ \mathrm{mH}$、$C = 5\ \mu\mathrm{F}$ 并联电路的端口正弦电流 $I = 0.5\ \mathrm{A}$，电路的角频率为 5 000 rad/s，试求电压及各元件电流。

**解**
$$G = \frac{1}{R} = \frac{1}{25} = 0.04(\mathrm{S})$$

$$B_L = \frac{1}{\omega L} = \frac{1}{5\ 000 \times 2 \times 10^{-3}} = 0.1(\mathrm{S})$$

$$B_C = \omega C = 5\ 000 \times 5 \times 10^{-6} = 0.025(\mathrm{S})$$

$$B = B_C - B_L = 0.025 - 0.1 = -0.075(\mathrm{S})$$

电路是感性的

$$Y = G + \mathrm{j}B = 0.04 - \mathrm{j}0.075 = 0.085\angle -61.93°(\mathrm{S})$$

设 $\dot{I} = 0.5\angle 0°(\mathrm{A})$，则

$$\dot{U} = \frac{\dot{I}}{Y} = \frac{0.5\angle 0°}{0.085\angle -61.93°} = 5.882\angle 61.93°(\text{V})$$

$$\dot{I}_G = G\dot{U} = 0.04 \times 5.882\angle 61.93° = 0.235\,3\angle 61.93°(\text{A})$$

$$\dot{I}_L = -jB_L\dot{U} = -j\,0.1 \times 5.882\angle 61.93° = 0.588\,2\angle -28.07°(\text{A})$$

$$\dot{I}_C = jB_C\dot{U} = j\,0.025 \times 5.88\,2\angle 61.93° = 0.147\,1\angle 151.9°(\text{A})$$

【例 3.4.2】　在 RLC 并联电路中，$R = 5\ \Omega$，$L = 10\ \text{mH}$，$C = 400\ \mu\text{F}$，电路端电压 $U = 220\ \text{V}$，电压的角频率 $\omega = 314\ \text{rad/s}$。试求：

（a）电路的复导纳及复阻抗；

（b）电路中的总电流及各元件电流。

解　（a）
$$Y_R = G = \frac{1}{R} = \frac{1}{5}\ \text{S}$$

$$Y_L = -jB_L = -j\frac{1}{\omega L} = -j\frac{1}{314 \times 10 \times 10^{-3}}\ \text{S} = -j\,0.318\ \text{S}$$

$$Y_C = jB_C = j\omega C = j\,314 \times 400 \times 10^{-6}\ \text{S} = j\,0.126\ \text{S}$$

$$Y = Y_1 + Y_2 + Y_3 = G + j(B_C - B_L) = [0.2 + j(0.126 - 0.318)]\ \text{S}$$
$$= (0.2 - j\,0.192)\text{S} = 0.277\angle -43.83°\text{S}$$

$$Z = \frac{1}{Y} = \frac{1}{0.277\angle -43.83°}\ \Omega = 3.610\angle 43.83°\ \Omega = (2.604 + j\,2.500)\Omega$$

（b）设 $\dot{U} = 220\angle 0°\ \text{V}$

$$\dot{I} = Y\dot{U} = 0.277\angle -43.83° \times 220\angle 0°\ \text{A} = 60.94\angle -43.83°\ \text{A}$$

$$\dot{I}_R = Y_R\dot{U} = 0.2 \times 220\angle 0°\ \text{A} = 44\angle 0°\ \text{A}$$

$$\dot{I}_L = Y_L\dot{U} = -j\,0.318 \times 220\angle 0°\ \text{A} = 69.96\angle -90°\ \text{A}$$

$$\dot{I}_C = Y_C\dot{U} = j\,0.126 \times 220\angle 0°\ \text{A} = 27.72\angle 90°\ \text{A}$$

2）并联谐振

类比于 RLC 串联谐振，发生在 RLC 并联电路中的谐振称为并联谐振。

（1）并联谐振的条件。

由图 3.4.2（a）所示的 RLC 并联电路可知，电路所加电压为 $u$，三个元件中的电流分别为 $i_R$、$i_L$ 与 $i_C$，其有效值与电压的关系为

$$I_R = \frac{U}{R},\quad I_L = \frac{U}{\omega L},\quad I_C = \omega C U$$

当电路发生谐振时，端电压 $u$ 与端电流 $i$ 同相位，电路呈电阻性，如图 3.4.2（b）所示。此时，$I_L$ 与 $I_C$ 相等，所以总电流为

$$\dot{I} = \dot{I}_R + \dot{I}_L + \dot{I}_C = \dot{I}_R$$

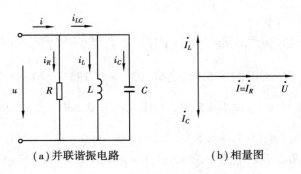

(a)并联谐振电路　　　　　(b)相量图

图3.4.2　$RLC$并联谐振电路和相量图

由此可见,$RLC$并联电路发生谐振的条件是电容电流与电感电流的大小相等,即

$$\frac{1}{\omega L} = \omega C$$

所以$RLC$并联电路谐振角频率为

$$\omega_0 = \frac{1}{\sqrt{LC}} \tag{3.4.5}$$

$RLC$并联电路谐振角频率与$RLC$串联电路的谐振角频率相同。

（2）并联谐振的特征。

①发生$RLC$并联谐振时,电感$L$和电容$C$并联电路的总电流$I_{LC} = \dot{I}_L + \dot{I}_C = 0$,因此电路可以等效为仅有电阻的支路,电路的阻抗$|Z| = R$,阻抗最大。此时电路的电流$I = \frac{U}{|Z|} = \frac{U}{R}$,电流最小。如果电阻支路开路,只有$LC$并联部分,则电路阻抗$|Z| = \infty$,$I = 0$。

②谐振时,虽然电感$L$和电容$C$并联的总电流$I_{LC} = 0$,但$L$和$C$支路中的电流并不等于零。它们的有效值分别为

$$I_L = \frac{U}{X_L} = \frac{R}{X_L}I$$

$$I_C = \frac{U}{X_C} = \frac{R}{X_C}I$$

如果$X_L = X_C \ll R$,则$I_L = I_C \gg I$,也就意味着电感$L$和电容$C$支路中的电流远远大于电路的总电流。因此并联谐振又称为电流谐振。

发生并联谐振时,电感电流或电容电流与总电流的比值称为$RLC$并联电路的品质因数$Q$,即

$$Q = \frac{I_L}{I} = \frac{I_C}{I} \tag{3.4.6}$$

（3）实际并联谐振电路。

实际使用的并联谐振电路由电感线圈和电容器并联组成。因为实际电感线圈中存在电阻,所以实际并联谐振电路相当于电阻$R$与电感$L$串联后再与电容$C$并联的电路,如图3.4.3(a)所示。

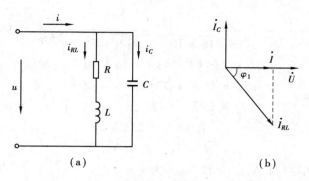

图 3.4.3　$R$、$L$ 串联与 $C$ 并联谐振电路和相量图

由图 3.4.3（a）可知，端电压为 $u$，端电流为 $i$，当发生谐振时，$u$ 与 $i$ 同相，电路呈电阻性。此时的电压和电流的相量图如图 3.4.3（b）所示。由图可知

$$I_C = I_{RL}\sin\varphi$$

因此，此电路发生并联谐振的条件是电容电流应与电感线圈电流的无功分量相等。

因

$$I_C = \omega CU$$

$$I_{RL}\sin\varphi = \frac{U}{\sqrt{R^2 + (\omega L)^2}}\ \frac{\omega L}{\sqrt{R^2 + (\omega L)^2}}$$

所以发生并联谐振时，

$$\omega_0 CU = \frac{U}{\sqrt{R^2 + (\omega_0 L)^2}}\ \frac{\omega_0 L}{\sqrt{R^2 + (\omega_0 L)^2}}$$

$$R^2 + \omega_0^2 L^2 = \frac{L}{C}$$

故谐振角频率为

$$\omega_0 = \sqrt{\frac{1}{LC} - \frac{R^2}{L^2}} \tag{3.4.7}$$

谐振频率为

$$f_0 = \frac{1}{2\pi}\sqrt{\frac{1}{LC} - \frac{R^2}{L^2}} \tag{3.4.8}$$

式中，当 $R < \sqrt{\dfrac{L}{C}}$ 时，$f_0$ 为实数，电路发生谐振。如果 $R > \sqrt{\dfrac{L}{C}}$，则 $f_0$ 为虚数，电路不可能发生谐振。因实际线圈的电阻很小，所以在发生谐振时，$\omega L \gg R$，谐振角频率与谐振频率可表示为

$$\omega_0 \approx \frac{1}{\sqrt{LC}} \qquad\qquad f_0 \approx \frac{1}{2\pi\sqrt{LC}} \tag{3.4.9}$$

与 $RLC$ 串联电路的谐振角频率相同。

【例 3.4.3】　如图 3.4.2（a）所示，将变频电源接在此电路中，$R = 50\ \Omega$，$L = 16\ \mu\mathrm{H}$，$C = 40\ \mu\mathrm{F}$，$U = 220\ \mathrm{V}$。求谐振频率 $f_0$ 相应的 $I$、$I_L$、$I_C$、$I_R$。

**解**
$$f_0 = \frac{1}{2\pi\sqrt{LC}} = \frac{1}{2\pi\sqrt{16\times10^{-6}\times40\times10^{-6}}} = \frac{10^4}{16\pi} = 199(\text{Hz})$$

$$X_L = \omega L = 2\pi(10^4/16\pi)\times16\times10^{-6} = 20(\Omega)$$

$$I_R = U/R = 220/50 = 4.4(\text{A})$$

$$I_L = U/X_L = 220/20 = 11(\text{A})$$

$$I_C = I_L = 11(\text{A})$$

$$I = I_R = 4.4(\text{A})$$

答:$I$ 为 4.4 A,$I_L$ 为 11 A,$I_C$ 为 11 A,$I_R$ 为 4.4 A。

【例3.4.4】 有一高频阻波器,电感量为 100 μH,阻塞频率为 400 kHz,求阻波器内需并联多大电容才能满足要求。

**解** 谐振频率为 $f_0 = 1/(2\pi\sqrt{LC})$

并联电容为 $C = 1/(4\pi^2 f_0^2 L)$

$$= 10^{-12}/(4\times3.14^2\times400^2\times1\,000^2\times100\times10^{-6}) = 16^2/631 = 1\,585(\text{pF})$$

答:阻波器内需并联 1 585 pF 的电容才能满足要求。

【例3.4.5】 收音机中并联谐振电路,已知 $R = 6\ \Omega, L = 150\ \mu H, C = 780\ \text{pF}$,求谐振频率。

**解** 因 $\sqrt{\dfrac{L}{C}} = \sqrt{\dfrac{150\times10^{-6}}{780\times10^{-12}}} = 438\ \Omega$,远大于 $R$,故

$$f_0 \approx \frac{1}{2\pi\sqrt{LC}} = \frac{1}{2\pi\sqrt{150\times10^{-6}\times780\times10^{-12}}} = 465\times10^3(\text{Hz})$$

# 二、功率因数的定义

正弦交流电路中功率因数定义为有功功率与视在功率的比值

$$\lambda = \cos\varphi = \frac{P}{S} \tag{3.4.10}$$

生产中大量应用线圈和电动机等包含有电感的设备,这些设备都是电感性负载,它们的功率因数随着设备使用的情况不同而改变,一般情况下数值都不高,如异步电动机满载时的功率因素约 0.7 ~ 0.9,空载时仅为 0.2 ~ 0.3,日光灯的功率因素为 0.3 ~ 0.5。功率因数过低会造成如下影响:

(1)电源利用率较低。因 $\lambda = \cos\varphi = \dfrac{P}{S}$,所以当消耗的有功功率 $P$ 一定时,功率因数 $\lambda$ 越小,电源提供的视在功率 $S$ 就越大。因此,相同功率的负荷,功率因素越低,占用电源设备的容量就越大,电源设备的供电能力得不到充分利用。

(2)线路压降增大。因 $P = UI\cos\varphi$,所以功率因数越小,线路上流经的电流就越大。因线路的等值阻抗不变,流经的电流越大,则线路上的压降就越大,有可能造成线路末端电压

过低,影响用电设备的正常运行。

（3）功率损耗增大。因 $P = I^2 R$,线路上的等值电阻不变,功率因数低会导致线路电流大,则线路上的有功损耗也会随之变大。

因此,国家的有关职能部门颁发了"功率因数调整电费办法"的规定。凡功率因数值低于规定的工厂企业要加收电费。提高功率因数,无论对整个电力系统,还是对用户本身,都是大有好处的。

## 三、提高功率因数的方法

提高功率因数一般采用在感性负载两端并联电容的方式。感性负载串联电容后虽然也可以改变功率因数,但是在功率因数改变的同时,负载上的工作电压也发生了变化,会影响负载正常运行。这种并联在负载两端以提升功率因数的电容称为补偿电容器,并联电容后,负载两端的电压不变,电容不消耗有功功率,只用来补偿感性无功功率,如图 3.4.4（a）所示。

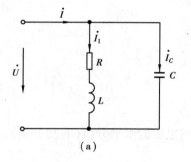 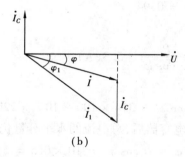

（a）　　　　　　　　　　　　（b）

图 3.4.4　并联电容提高功率因数

设感性负荷的功率因数为 $\cos \varphi_1$,其电压和电流的相量图如图 3.4.4（b）所示。并联电容器后,由于电源电压和负荷参数均未改变,因此负荷电流 $\dot{I}_1$ 也不变化。但增加的电容电流 $\dot{I}_C$ 使得电路的总电流由原来未并联电容时的 $\dot{I}_1$ 变成 $\dot{I}$,即 $\dot{I} = \dot{I}_1 + \dot{I}_C$。

当功率因数由 $\cos \varphi_1$ 提升至 $\cos \varphi$ 时,有

$$I = \frac{P}{U \cos \varphi}, I_1 = \frac{P}{U \cos \varphi_1}, I_C = I_1 \sin \varphi_1 - I \sin \varphi$$

电容电流 $I_C = \dfrac{U_C}{X_C} = \dfrac{U_C}{\omega C}$,联立可求得

$$C = \frac{P}{\omega U^2}(\tan \varphi_1 - \tan \varphi) \qquad (3.4.11)$$

应该指出,并联电容器后提高的是整个电路的功率因数,减少的也是整个电路的总电流,而负荷的电流 $I_1$、功率因数 $\cos \varphi_1$ 以及功率均未发生变化。由于电容器不消耗电能,所以电源供给的功率也未改变。用并联电容器的方法来提高功率因数,简便有效,是目前广大

电力用户普遍采用的措施。

【例3.4.6】 有一单相电动机输入功率为1.11 kW,电流为10 A,电压为220 V。试求：

（a）此电动机的功率因数。

（b）并联100 μF电容器,总电流为多少？功率因数提高到多少？

**解** （a）电动机的功率因数

$$\lambda = \cos \varphi_1 = \frac{P_1}{UI_1} = \frac{1.11 \times 10^3}{220 \times 10} = 0.5$$

功率因数角 $\varphi_1 = 60°$

（b）电容电流

解法1：

$$C = \frac{P}{\omega U^2}(\tan \varphi_1 - \tan \varphi)$$

$$\tan \varphi = 0.36$$

$$\tan \varphi = \frac{\sqrt{1 - \cos \varphi^2}}{\cos \varphi}$$

$$\cos \varphi = 0.94$$

总电流

$$I = \frac{P}{U \cos \varphi} = 5.3(A)$$

解法2：

$$I_C = \omega CU = 314 \times 100 \times 10^{-6} \times 220 = 6.9(A)$$

并联电容器后,总电流的水平分量仍等于电动机电流的水平分量（有功分量）,即

$$I \cos \varphi = I_1 \cos \varphi_1 = 10 \times 0.5 = 5(A)$$

总电流的垂直分量（无功分量）为

$$I \sin \varphi = I_1 \sin \varphi_1 - I_C = 10 \times \sin 60° - 6.9 = 10 \times 0.866 - 6.9 = 1.76(A)$$

总电流

$$I = \sqrt{(I \cos \varphi)^2 + (I \sin \varphi)^2} = \sqrt{5^2 + 1.76^2} = 5.3(A)$$

电路的功率因数

$$\lambda = \cos \varphi = \frac{5}{5.3} = 0.94$$

【例3.4.7】 若将【例3.4.6】的电动机功率因数提高到0.9和1,各需并联多大的电容器？

解法1：

功率因数提高到0.9（即 $\varphi = 25.8°$）时,因总电流的水平分量等于电动机电流的水平分量,即 $I \cos \varphi = I_1 \cos \varphi_1$,

$$I = \frac{I_1 \cos \varphi_1}{\cos \varphi} = \frac{10 \times 0.5}{0.9} = 5.56 (A)$$

$$I_C = I_1 \sin \varphi_1 - I \sin \varphi = 10 \times \sin 60° - 5.56 \times \sin 25.8°$$
$$= 10 \times 0.866 - 2.42 = 6.24(A)$$

需要并联的电容量

$$C = \frac{I_C}{\omega U} = \frac{6.24}{314 \times 220} = 90.28(\mu F)$$

功率因数提高到 1(即 $\varphi = 0$)时,有

$$I = I_1 \cos \varphi_1 = 10 \times 0.5 = 5(A)$$

所需的电容电流为

$$I_C = I_1 \sin \varphi_1 = 10 \times \sin 60° = 8.66(A)$$

需要并联的电容量

$$C = \frac{I_C}{\omega U} = \frac{8.66}{314 \times 220} = 125.36(\mu F)$$

解法 2：

$$\tan \varphi = \frac{\sqrt{1 - \cos \varphi^2}}{\cos \varphi} = 0.48$$

需要并联的电容量

$$C = \frac{P}{\omega U^2}(\tan \varphi_1 - \tan \varphi) = 90.28(\mu F)$$

功率因数提高到 1(即 $\varphi = 0$)时,有

$$\tan \varphi = \frac{\sqrt{1 - \cos \varphi^2}}{\cos \varphi} = 0$$

需要并联的电容量

$$C = \frac{P}{\omega U^2}(\tan \varphi_1 - \tan \varphi) = 125.36(\mu F)$$

【例 3.4.8】　某工厂单相供电线路的额定电压 $U_e = 10$ kV,平均负荷 $P = 400$ kW,无功功率 $Q = 260$ kvar,功率因数较低,现要将该厂的功率因数提高到 0.9,需要装多少补偿电容?

**解**　补偿电容前的功率因数为

$$\cos \varphi_1 = P/S = P/\sqrt{P^2 + Q^2} = 400/\sqrt{400^2 + 260^2} = 0.84$$

于是可得功率因数角 $\varphi = 33°$

又因补偿后的功率因数 $\cos \varphi_2 = 0.9$,所以功率因数角 $\varphi = 25.8°$。

需安装的补偿电容为

$$C = P/(\omega U^2)(\tan \varphi_1 - \tan \varphi)$$
$$= (400 \times 10^3)/[2 \times 3.14 \times 50 \times (10 \times 10^3)^2](\tan 33° - \tan 25.8°)$$
$$= 12.7 \times 10^{-6} \times 0.166 = 2.1 \times 10^{-6}(F) = 2.1(\mu F)$$

答:需要装补偿电容 2.1 $\mu F$。

## 实践知识

## 【任务简介】

1）任务描述

（1）熟悉日光灯的连接线路。

（2）学会提高线路功率因数的方法。

（3）掌握日光灯工作原理。

（4）通过本实验为在实际工作中进行无功补偿、电压调节打下基础。

2）任务要求

理解实验原理，按图接线，完成数据记录表，掌握提高功率因数的方法。

3）实施条件

表 3.4.1　线圈参数的测定

| 项　　目 | 基本实施条件 | 备　　注 |
|---|---|---|
| 场地 | 电工实验室 | |
| 设备 | 单相调压器一台；日光灯实验板一块（$R$ 约 160 Ω、$r$ 约 85 Ω、$L$ 约 1.7 Ω）；可调电容箱一个；交流电流表一块；交流电压表一块；单相功率因数表一块；电流插座三个 | |
| 工具 | 导线若干 | |

## 【任务实施】

1）实验原理

（1）日光灯电路的组成。日光灯电路由灯管、镇流器和启辉器三个主要部分组成，如图 3.4.5 所示。

镇流器是一个铁芯线圈。在日光灯启动时，它产生一个瞬间高电压，这个高电压与电源电压一起加在灯管与启辉器的两端，使灯管点燃。日光灯点燃后它起分压作用，限制电路中的电流。

启辉器主要由一个充有氖气的小玻璃灯泡和与之并联的纸质电容组成。小玻璃灯泡内有两个电极，一个是固定电极，另一个是由两片热膨胀系数不一样的金属片组成的倒 U 形可动电极。灯管工作时,两电极处于断开状态。启辉器在电路中起自动开关的作用,电容能减少电极断开时的火花。

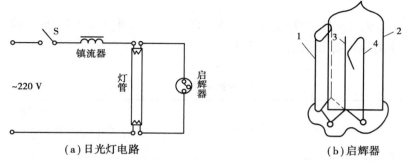

（a）日光灯电路          （b）启辉器

1—纸质电容器；2—玻璃泡；3—固定电极；4—可动电极

图 3.4.5  日光灯原理图

（2）在日光灯电路中,由于镇流器的存在,所以该电路为电感和电阻串联电路。

其功率因数 $\cos \phi_1$ 较低,它不是一种合理的工作状态。我们若在日光灯电路中并入一个合适的电容器 $C$,则这时日光灯电路从电源所取得的总电流为 $\dot{I} = \dot{I}_L + \dot{I}_C + \dot{I}_R$,其有效值 $I$ 将随之减小,功率因数角由 $\phi_1$ 减小到 $\phi_2$,即提高了功率因数。电流的减小,不但减少了线路的发热损耗,延长了电器设备的寿命,而且也减少了电器元件所占有电源的容量。由此可见,提高负载的功率因数对电力系统及其用户是有很多好处的。

（3）感性负载并联电容后能提高线路功率因数,没有并联电容 $C$ 时,$\cos \phi_1 = \dfrac{P}{UI_1}$。并联电容 $C$ 后,$\cos \phi_2 = \dfrac{P}{UI}$ 由 $\cos \phi_1$ 提高到 $\cos \phi_2$,所需并联 $C$ 值为

$$C = \frac{P}{WU^2}(\tan \phi_1 - \tan \phi_2)$$

这时所需电容器无功功率为

$$Q_c = P(\tan \phi_1 - \tan \phi_2)$$

2）操作步骤

（1）按图 3.4.6 接线。

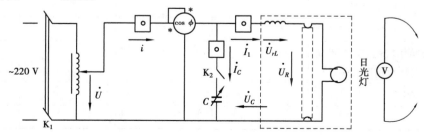

图 3.4.6  实验电路图

（2）测定日光灯支路参数:经老师检查电路后合上 K1,将调压器电压调到 220 V 观察日光灯的启辉情况,测量 $U$、$U_{rL}$、$U_R$、$I_1$、$\cos \phi_1$,记入表 3.4.2 中,并求日光灯电路的功率,其中

$U_R$ 为日光灯管点亮后的压降。

灯管等效电阻：$R = \dfrac{U_R}{I_1}$，$Z_{rL} = U_{rL}/I_1$，$Z_{总} = U/I$

（3）将电容 $C$ 与日光灯支路并联：合上开关 $K_2$，将 $C$ 由零逐渐增加到 5 μF，每改变 $C$ 一次，测量 $U$、$U_{rL}$、$U_R$、$I$、$I_1$、$\cos \phi$，记入表 3.4.2 中。

3）数据记录

表 3.4.2  数据记录表

| 项　目 | 测量值 | | | | | | | 计算值 | | |
|---|---|---|---|---|---|---|---|---|---|---|
| | $U$ | $U_{rL}$ | $U_R$ | $I$ | $I_1$ | $I_C$ | $\cos \phi$ | $R$ | $Z_{rL}$ | $Z_{总}$ |
| 0 μF | | | | | | | | | | |
| 2 μF 或 3 μF | | | | | | | | | | |

4）注意事项

（1）改变电容时一定要拉下刀闸。

（2）注意日光灯电路的接线。

（3）日光灯启动电流大，功率因数表之量程应放在高量程挡，电流表先不要接进电流插座，待日光灯启动后再测电流。

5）思考题

（1）画出未并入电容及并入电容 4 μF 时，电流电压相量图。

（2）当日光灯点燃后，去掉启辉器，日光灯电路是否还能点亮？

6）检查及评价

表 3.4.3  检查与评价

| 考评项目 | | 自我评估20% | 组长评估20% | 教师评估60% | 小计100% |
|---|---|---|---|---|---|
| 素质考评（20分） | 劳动纪律（5分） | | | | |
| | 积极主动（5分） | | | | |
| | 协作精神（5分） | | | | |
| | 贡献大小（5分） | | | | |
| 实训安全操作规范，实验装置和相关仪器摆放情况（20分） | | | | | |
| 过程考评（60分） | | | | | |
| 总分 | | | | | |

## 【习题 3】

### 3.1

**一、填空题**

3.1.1　周期交流电变化一次所需的时间 $T$ 称为(　　　)。在 1 s 内交流电变化的次数 $f$ 称为(　　　　),它们之间的关系是 $f=($　　　　$)$。

3.1.2　正弦交流电的三要素是(　　　　)、(　　　　)、(　　　　)。

3.1.3　角频率 $\omega$ 和频率 $f$ 的关系是 $\omega=($　　　　$)$,角频率的单位是(　　　　)。工频交流电的角频率 $\omega=($　　　　$)$。直流电可看作频率 $f=($　　　　$)$,或周期 $T=($　　　　$)$ 的正弦交流电。

3.1.4　已知电流相量 $\dot{I}=5\angle 30°\text{A}$,则 $\text{j}\dot{I}=($　　　$)$,$-\text{j}\dot{I}=5\angle($　　　$)$,$-\dot{I}=5\angle($　　　$)$。

**二、判断题**

3.1.5　正弦交流电的有效值等于 $\sqrt{2}$ 倍最大值。　　　　　　　　　　　　　(　　　)

3.1.6　角频率的表示符号为 $\omega$。　　　　　　　　　　　　　　　　　　　(　　　)

3.1.7　$u=220\sqrt{2}\sin(314t+15°)(\text{V})$ 的有效值等于 220 V。　　　　　(　　　)

3.1.8　正弦交流电的三要素是:有效值、频率、周期。　　　　　　　　　　(　　　)

3.1.9　两个同频率的正弦交流电的相位差,在任何瞬间都不变。　　　　　(　　　)

**三、选择题**

3.1.10　我们日常生活中所用的是交流电,频率为(　　　)。

(A)60 Hz　　　　　(B)50 Hz　　　　　(C)100 Hz　　　　　(D)80 Hz

3.1.11　$i_1=10\sin(314t+60°)\text{A}$,$i_2=10\sin(314t+45°)\text{A}$。这两个交流电相同的量是(　　　)。

(A)最大值　　　　(B)有效值　　　　(C)周期　　　　(D)初相位

3.1.12　$i=100\sin(314t-60°)\text{A}$,则该电流的频率为(　　　)Hz。

(A)100　　　　　　(B)314　　　　　　(C)50

3.1.13　频率、周期、角频率的关系是(　　　)。

(A)$T=1/f,\omega=2\pi f$　　(B)$\omega=2\pi T,T=1/f$　(C)$T=1/\omega,f=2\pi\omega$

3.1.14　$i=10\sin(314t+60°)\text{A}$,$i_2=10\sin(314t-45°)\text{A}$。这两个交流电的相位差是(　　　)。

(A)15°　　　　　　(B)105°　　　　　　(C)-15°　　　　　　(D)不知道

3.1.15　已知某正弦电压(sin 函数)在 $t=0$ 时为 110 V,其初相位为 30°,则其有效值为

（　　）。

(A)110V　　　　　　　　(B)220 V　　　　　　　(C)110＊1.414　　　　(D)110/1.414

四、计算题

3.1.16　写出下列正弦量的相量（用极坐标式表示），并画出它们的相量图。

$$i = 10\sqrt{2} \sin \omega t \ \text{A}$$

$$u_1 = 100\sqrt{2} \sin\left(\omega t + \frac{\pi}{2}\right) \text{V}$$

$$u_2 = 200 \sin\left(\omega t - \frac{\pi}{4}\right) \text{V}$$

$$u_3 = -100\sqrt{2} \sin \omega t \ \text{V}$$

3.1.17　求下列各题中的 $u$ 与 $i$ 的相位差 $\varphi = (\psi_u - \psi_i)$，并说明超前滞后关系。

(1) $u = U_m \sin(\omega t + 45°)$，$i = I_m \sin(\omega t - 30°)$，$\varphi = ($　　　$)$。

(2) $u = U_m \sin(\omega t + 60°)$，$i = I_m \sin(\omega t - 180°)$，$\varphi = ($　　　$)$。

(3) $u = U_m \sin(\omega t - 90°)$，$i = I_m \sin(\omega t + 180°)$，$\varphi = ($　　　$)$。

(4) $u = -U_m \sin(\omega t - 90°)$，$i = I_m \sin(\omega t - 120°)$，$\varphi = ($　　　$)$。

3.1.18　已知 $u = U_m \sin(\omega t - 30°)\text{V}$，$i = I_m \sin(\omega t + 60°)$，求 $u$ 和 $i$ 的相位差，并说明两者的超前、滞后关系。

# 3.2

一、填空题

3.2.1　有一电阻 $R = 10\ \Omega$，端电压 $u = 100 \sin(\omega t + 30°)\text{V}$，则电流 $i = ($　　　$)$。

3.2.2　电阻元件上的电压、电流在相位上是（　　　）关系。

3.2.3　正弦交流电路中，电感元件上的阻抗 $z = ($　　　$)$，与频率成（　　　）。

3.2.4　电感元件上的电压、电流相位存在（　　　）关系，且电压（　　　）电流。

3.2.5　正弦交流电路中，电容元件上的阻抗 $z = ($　　　$)$，与频率成（　　　）。

3.2.6　电容元件上的电压、电流相位存在（　　　）关系，且电压（　　　）电流。

二、判断题

3.2.7　电阻元件上只消耗有功功率，不产生无功功率。　　　　　　　　　　　　（　　）

3.2.8　从电压、电流瞬时值关系式来看，电感元件属于动态元件。　　　　　　　（　　）

3.2.9　单一电感元件的正弦交流电路中，消耗的有功功率比较小。　　　　　　　（　　）

3.2.10　几个电容元件相串联，其电容量一定增大。　　　　　　　　　　　　　　（　　）

3.2.11　电抗和电阻的概念相同，都是阻碍交流电流的因素。　　　　　　　　　　（　　）

3.2.12　无功功率的概念可以理解为这部分功率在电路中不起任何作用。　　　　（　　）

三、选择题

3.2.13　一个 $55\ \Omega$ 的电阻接到电压为 $u = 311\sin(314t - 30°)\text{V}$ 的电源上，其电流的表

达式为(　　)。

（A）$i = 4\sin(314t + 60°)$ A 　　　　　（B）$i = 4\sqrt{2}\sin(314t + 60°)$ A

（C）$i = 4\sin(314t - 30°)$ A 　　　　　（D）$i = 4\sqrt{2}\sin(314t - 30°)$ A

3.2.14　一个电热器，接在 10 V 的直流电源上，产生的功率为 $P$。把它改接在正弦交流电源上，使其产生的功率为 $P/2$，则正弦交流电源电压的最大值为(　　)。

（A）7.07 V 　　　　　（B）5 V 　　　　　（C）10 V

3.2.15　电感元件的正弦交流电路中，电压有效值不变，当频率增大时，电路中电流将(　　)。

（A）增大 　　　　　（B）减小 　　　　　（C）不变

3.2.16　电容元件的正弦交流电路中，电压有效值不变，当频率增大时，电路中电流将(　　)。

（A）增大 　　　　　（B）减小 　　　　　（C）不变

四、计算题

3.2.17　有一电阻元件，$R = 10$ Ω，接于 $u = 220\sqrt{2}\sin(\omega t + 30°)$ V 的电源上，求：

(1)电流的有效值 $I$ 和最大值 $I_m$。

(2)电流的瞬时值表示式 $i$。

(3)电压相量 $\dot{U}$ 和电流相量 $\dot{I}$。

3.2.18　将一个 $L = 0.127$ H 的电感元件接在 220 V 工频正弦交流电源上，求：

(1)电流有效值 $I$。

(2)以电压为参考正弦量时，电流的瞬时值表示式和相量表示式。

(3)无功功率 $Q_L$。

3.2.19　有一工频纯电容电路的无功功率 $Q_C = 100$ var，电压 $U = 100$ V，求电流 $I$，容抗 $X_C$，电容 $C$。

3.2.20　一 $RL$ 串联正弦电路，端电压 $U = 200$ V，电感电压 $U_L = 120$ V，电流 $I = 10$ A，求 $R$，$X_L$，$|Z|$ 和 $\varphi$。

# 3.3

一、填空题

3.3.1　串联电路的总电压超前电流时，电路一定呈(　　)。

3.3.2　$RLC$ 串联电路中，电路复阻抗虚部大于零时，电路呈(　　)。

3.3.3　$RLC$ 串联电路中，复阻抗虚部小于零时，电路呈(　　)。

3.3.4　$RLC$ 串联正弦电路，$S = 100$ V·A，$P = 80$ W，$Q_L = 100$ var，则 $Q_C = ($　　$)$。

3.3.5　$RLC$ 串联电路中，当电路复阻抗的虚部等于零时，电路呈(　　)，此时电路中的总电压和电流相量在相位上呈(　　)关系，称电路发生串联(　　)。

3.3.6　$RLC$ 串联电路谐振时,电路的功率因数 $\lambda =($　　　　$)$,电感器的无功功率 $Q_L$ 和电容的无功功率 $Q_C$ 的大小$($　　　　$)$,电路的总无功功率为$($　　　　$)$。

二、判断题

3.3.7　在 $RLC$ 串联电路中,$U = U_R + U_L + U_C = IR + I(X_L - X_C)$。　　　　$(\quad)$

3.3.8　$RLC$ 串联电路,当 $\omega C < 1/\omega L$ 时电路成容性。　　　　$(\quad)$

3.3.9　$RLC$ 串联电路谐振时电流最小,阻抗最大。　　　　$(\quad)$

三、选择题

3.3.10　$RLC$ 串联电路的复阻抗 $Z = ($　　$)Q$。

$(A)R + \omega L + 1/\omega C$　　　　　　　　$(B)R + L + 1/C$

$(C)R + j\omega L + 1/j\omega C$　　　　　　　　$(D)R + j(\omega L + 1/\omega C)$

四、计算题

3.3.11　$RLC$ 串联正弦电路,$U = 100$ V,$U_R = 80$ V,$U_L = 100$ V,求 $U_C$。

3.3.12　对线圈,常以 $RL$ 串联电路为其模型。一个 $R = 5\ \Omega$、$L = 150$ mH 的线圈和一个电容器串联,接到 220 V 的工频电源上,试在电容器的电容为 100 μF 和 50 μF 两种情况下,求电流及线圈的电压。

3.3.13　一 $RLC$ 串联电路,$U_C = 2U_R = 2U_L = 200$ V,$P = 100$ W,求 $Q_L$,$Q_C$,$Q$ 和 $S$。

## 3.4

一、填空题

3.4.1　$RLC$ 并联电路中,测得电阻上通过的电流为 3 A,电感上通过的电流为 8 A,电容元件上通过的电流是 4 A,总电流是$($　　　$)$,电路呈$($　　　$)$。

3.4.2　$RLC$ 并联电路中,电路复导纳虚部大于零时,电路呈$($　　　$)$;若复导纳虚部小于零时,电路呈$($　　　$)$;当电路复导纳的虚部等于零时,电路呈$($　　　$)$,此时电路中的总电流、电压相量在相位上呈$($　　　$)$关系,称电路发生并联$($　　　$)$。

二、判断题

3.4.3　并联电路的总电流超前路端电压时,电路应呈感性。　　　　$(\quad)$

3.4.4　电阻电感相并联,$I_R = 3$ A,$I_L = 4$ A,则总电流等于 5 A。　　　　$(\quad)$

3.4.5　提高功率因数,可使负载中的电流减小,因此电源利用率提高。　　　　$(\quad)$

3.4.6　避免感性设备的空载,减少感性设备的轻载,可自然提高功率因数。　　　　$(\quad)$

三、选择题

3.4.7　功率因数用 $\cos\varphi$ 表示,其大小为$($　　$)$。

$(A)\cos\varphi = P/Q$　　　　　　　　$(B)\cos\varphi = R/\lvert Z \rvert$

$(C)\cos\varphi = R/S$　　　　　　　　$(D)\cos\varphi = X/R$

四、计算题

3.4.8　一电感性负荷, $P = 10$ kW, $U = 220$ V, $f = 50$ Hz, $\lambda = 0.6$, 若将功率因数提高到 0.95, 需并联多大电容器? 如将功率因数从 0.95 再提高到 1, 还需增加多少电容?

五、简答题

3.4.9　能否用感性负荷串联电容器的方法来提高功率因数? 为什么?

# 项目 4    三相正弦交流电路分析及应用

## 【项目描述】

在电力系统中,三相交流系统得到广泛应用,电能的生产、传输和分配几乎都采用三相制。本项目将在正弦交流电路的基础上分析对称三相电源、三相负载的连接及其特点,学习和掌握对称三相电路的分析计算、不对称星形电路的分析计算,以及三相电路的功率计算。以典型三相电路为载体,通过按图接线,运用电工仪表测量各项电气参数验证相关定律,完成典型三相电路参数的测量、计算和分析,掌握三相电路的特点及应用。

## 【项目目标】

(1)了解三相交流电源的产生及连接方式,三相负载的星形、三角形连接方式。

(2)掌握相序、相电压、线电压、相电流与线电流的概念。

(3)掌握三相电源及负载在不同连接方式下各电压与电流之间的关系,能进行三相对称电路和不对称星形电路电路的分析计算。

(4)掌握三相电路中电流、电压及功率的测量与计算。

## 任务 4.1    三相照明电路星形连接

## 【任务目标】

● 知识目标

(1)掌握电源的星形连接中电压、电流的关系;

(2)掌握负载的星形连接中电压、电流的关系。

●能力目标

（1）能识读电路图；

（2）能正确按电路图接线；

（3）能使用电流表、电压表、万用表测量相电压、线电压、相电流、线电流；

（4）能进行实验数据分析，验证星形连接负载对称与不对称时，线电压和相电压、线电流和相电流，中线电流之间的关系及变化情况；

（5）能完成实验报告填写。

●态度目标

（1）能主动学习，在完成任务过程中发现问题、分析问题和解决问题；

（2）能与小组成员协商、交流配合完成本次学习任务，养成分工合作的团队意识；

（3）严格遵守安全规范，爱岗敬业、勤奋工作。

# 【任务描述】

班级学生自由组合为若干个实验小组，各实验小组自行选出组长，并明确各小组成员的角色。在电工实验室中，各实验小组按照《Q/GDW 1799.1—2013 国家电网公司电力安全工作规程》、进网电工证相关标准的要求，对星形连接的三相照明电路进行相电压、线电压、相电流、线电流的测量，并对测量数据进行分析。

# 【任务准备】

课前预习相关知识部分，独立回答下列问题：

（1）三相交流电是怎样产生的？

（2）供电系统中电源有哪些接线形式？

（3）对称负载星形接法中的线电压和相电压是怎样的关系，线电流和相电流是怎样的关系？

（4）中性线起什么作用？ 可以省略吗？

# 【相关知识】

# 理论知识

目前电力工程上普遍采用三相制供电。三相制供电为什么会在电力工程上得到普遍应用呢？这是从技术、经济角度综合比较后得到的结果。在发电方面,三相交流发电机比相同尺寸的单相交流发电机容量大;在输电方面,如果以同样电压将同样大小的功率输送到同样距离,三相输电线比单相输电线节省材料;在用电设备方面,三相交流电动机比单相电动机结构简单、体积小、运行特性好。相数越多,电力生产和运输的成本越高,如果采用两相,为保障两相稳定运行的成本也很高。因此,在交流系统中三相制供电被普遍应用。

# 一、三相电源

### 1）三相交流电源

三相交流电源来自三相交流发电机。图 4.1.1 是三相交流发电机的原理示意图。发电机的主要结构是磁极和电枢。电枢由线圈和铁芯构成,线圈匝数很多,嵌在硅钢片制成的铁芯上,铁芯内圆周表面有槽,线圈就嵌在槽中。电枢转动而磁极不动的发电机被称为旋转电枢式发电机;磁极转动而电枢不动的发电机被称为旋转磁极式发电机。在发电机中,转动的部分叫转子,不动的部分叫定子。不管是这两种发电机中的哪一种,当电机运转时,转子和定子之间有相对运动,线圈都切割磁力线,电枢中就会产生感应电动势。如果电枢外接负载,构成闭合回路,回路中就产生三相交流电流。

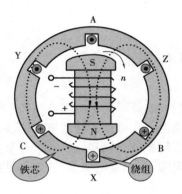

图 4.1.1　发电机原理示意图

当发电机的转子以角速度 $\omega$ 按逆时针旋转时,在三个绕组的两端分别产生幅值相同、频率相同、相位依次相差120°的三相正弦交流电动势,这三相通常以 A 相、B 相、C 相或 U 相、V 相、W 相表示(本书统一用 A 相、B 相、C 相表示)。三相正弦交流电动势瞬时值的数学表达式为

$$\left.\begin{array}{l} \text{A 相电动势}: u_A = U_m \sin(\omega t) \\ \text{B 相电动势}: u_B = U_m \sin(\omega t - 120°) \\ \text{C 相电动势}: u_C = U_m \sin(\omega t + 120°) \end{array}\right\} \quad (4.1.1)$$

也可用相量表示为

$$\left.\begin{array}{l} \dot{U}_A = U\angle 0° = U \\ \dot{U}_B = U\angle -120° = a^2 U \\ \dot{U}_C = U\angle 120° = aU \end{array}\right\} \quad (4.1.2)$$

式中,$a = \angle 120° = -\dfrac{1}{2} + j\dfrac{\sqrt{3}}{2}$,称为 120° 的旋转算子。

注意:$U$ 是有效值,$U_m = \sqrt{2}\,U$。

它们的波形图和相量图分别如图 4.1.2 和图 4.1.3 所示。

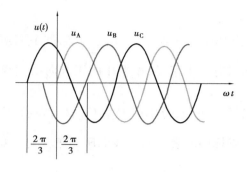

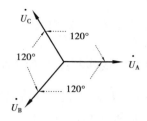

图 4.1.2　三相电动势波形图　　　　图 4.1.3　电压相量图

从波形图中可看出,任意时刻三个正弦交流电动势瞬时值之和等于零,即

$$u_A + u_B + u_C = 0$$

能够提供这样一组对称三相正弦电动势的就是对称三相电源,通常所说的三相电源就是指对称三相电源。

三相电动势达到最大值(振幅)的先后次序叫作相序。$u_A$ 比 $u_B$ 超前 $120°$,$u_B$ 比 $u_C$ 超前 $120°$,而 $u_C$ 又比 $u_A$ 超前 $120°$,这种相序被称为正序或顺序;反之,如果 $u_A$ 比 $u_C$ 超前 $120°$,$u_C$ 比 $u_B$ 超前 $120°$,$u_B$ 比 $u_A$ 超前 $120°$,这种相序被称为负序或逆序。

相序是一个非常重要的概念,使用三相电源时必须注意其相序。一些需要正反转的生产设备可以通过改变其电源相序来控制电动机的正反转。在电力系统中一般用黄、绿、红三色区别 A、B、C 三相,黄色表示 A 相,绿色表示 B 相,红色表示 C 相。在正常情况下,电力系统的三相电压、三相电流的相序都是正序或者顺序。

2)三相电源的星形(Y)连接

(1)三相电源的星形(Y)连接形式。

三相电源的星形(Y)连接方式如图 4.1.4 所示。把发电机三相绕组的末端 X、Y、Z 接成一点,而把始端 A、B、C 作为与外电路相连接的端点,这种连接方式称为电源的星形连接。这个 X、Y、Z 接成的公共点被称为中性点,如果从中性点向外引出一根导线 N,我们称这根导线 N 为电源的中性线,简称中线,俗称零线,在电力系统中通常用蓝色表示零线;由三相绕组的首端向外引出三根导线称为端线或相线,俗称火线,分别用 A、B、C 表示。电源绕组按这种接线方式向外供电的体制被称为三相四线供电制,通常在低压配电系统中采用,如低压照明电路。如果中性点没有向外引出导线,这种供电体制被称为三相三线供电制,通常在 $3 \sim 10$ kV 的中压配电系统中采用。

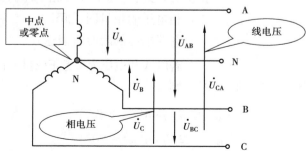

图 4.1.4　三相电源绕组的星形连接

三相四线供电制能提供以下两种电压：

①相电压。火线与中线间的电压称为相电压，分别用 $U_A$、$U_B$、$U_C$ 表示，其对应的相量式分别为 $\dot{U}_A$、$\dot{U}_B$、$\dot{U}_C$。各相电压的下脚标只有一个字母，相电压的正方向由相线指向中线（或零线）N。

②线电压。火线与火线之间的电压称为线电压，分别用 $U_{AB}$、$U_{BC}$、$U_{CA}$ 表示，其对应的相量分别为 $\dot{U}_{AB}$、$\dot{U}_{BC}$、$\dot{U}_{CA}$。各线电压的下脚标同时表示出了线电压的正方向。$\dot{U}_{AB}$ 指电压相量的方向是从 A 相指向 B 相。

（2）三相电源星形连接时线电压与相电压的关系。

①线电压与相电压的相量关系式：

$$\left.\begin{array}{l} \dot{U}_{AB} = \dot{U}_A - \dot{U}_B \\ \dot{U}_{BC} = \dot{U}_B - \dot{U}_C \\ \dot{U}_{CA} = \dot{U}_C - \dot{U}_A \end{array}\right\} \tag{4.1.3}$$

$$\dot{U}_{AB} = \dot{U}_A - \dot{U}_B = \dot{U}_A - \dot{U}_A\angle-120° = \sqrt{3}\,\dot{U}_A\angle30°$$

同理可得

$$\dot{U}_{BC} = \dot{U}_B - \dot{U}_C = \sqrt{3}\,\dot{U}_B\angle30°$$

$$\dot{U}_{CA} = \dot{U}_C - \dot{U}_A = \sqrt{3}\,\dot{U}_C\angle30°$$

以 $\dot{U}_L$ 表示线电压，$\dot{U}_P$ 表示相电压，线电压与相电压的相量式为

$$\dot{U}_L = \dot{U}_P\angle30° \tag{4.1.4}$$

$$U_L = \sqrt{3}\,U_P \tag{4.1.5}$$

即线电压的有效值是相电压有效值的 $\sqrt{3}$ 倍，线电压的相位超前其对应的相电压 30°。

②线电压与相电压的相量图。

由三相电源的星形（Y）连接时线电压与相电压的相量关系式，可画出以 A 相电压为参考相量时各线电压与各相电压的相量图，如图 4.1.5 所示。

③线电压的瞬时值表达式。

若以 A 相电压为参考正弦量，可知 $u_A = \sqrt{2}\,U_p\sin(\omega t +$

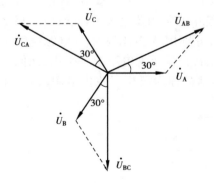

图 4.1.5　线电压与各相电压的相量图　0°），则

$$u_{AB} = \sqrt{2}\,U_L\sin(\omega t + 30°)$$

$$u_{BC} = \sqrt{2}\,U_L\sin(\omega t - 90°)$$

$$u_{CA} = \sqrt{2}\,U_L\sin(\omega t + 150°)$$

【例4.1.1】　某电源接成星形,其相电压$U_P$是220 V,线电压是多少? 以 A 相为参考相量,写出各相、线电压的瞬时值表达式。

**解**　线电压

$$U_L = \sqrt{3}\,U_P = \sqrt{3} \times 220 = 380(\text{V})$$

$$U_\text{m} = \sqrt{2}\,U_P = \sqrt{2} \times 220 = 311(\text{V})$$

各相、线电压的瞬时值表达式为

$$u_\text{A} = U_\text{m}\sin(\omega t) = 311\sin(\omega t)(\text{V})$$

$$u_\text{B} = U_\text{m}\sin(\omega t - 120°) = 311\sin(\omega t - 120°)(\text{V})$$

$$u_\text{C} = U_\text{m}\sin(\omega t + 120°) = 311\sin(\omega t + 120°)(\text{V})$$

$$u_\text{AB} = \sqrt{2}\,U_L\sin(\omega t + 30°) = 537\sin(\omega t + 30°)(\text{V})$$

$$u_\text{BC} = \sqrt{2}\,U_L\sin(\omega t - 90°) = 537\sin(\omega t - 90°)(\text{V})$$

$$u_\text{CA} = \sqrt{2}\,U_L\sin(\omega t + 150°) = 537\sin(\omega t + 150°)(\text{V})$$

## 二、三相负载的星形连接

交流电路中的用电设备大体可分为两类。一类是需要接在三相电源上才能正常工作的叫作三相负载,如果每相负载的阻抗值和阻抗角完全相等,则为对称负载,如三相电动机。另一类是只需接单相电源的负载,它们可以按照需要接在三相电源的任意一相相电压或线电压上。对于电源来说,它们也组成三相负载,但各相的复阻抗一般不相等,所以不是三相对称负载,如照明灯。

三相负载的星形连接,就是把三相负载的一端连接到一个公共端点,负载的另一端分别与电源的三个端线相连。负载的公共端点称为负载的中性点,简称中点,用 N′表示。如果电源为星形连接,则负载中点与电源中点的连线称为中线,两中点间的电压$\dot{U}_{\text{NN}'}$称为中点电压。若电路中有中线连接,可以构成三相四线制电路;若没有中线连接,或电源端为三角形连接,则只能构成三相三线制电路。

如图 4.1.6 所示电路,三相负载$Z_\text{A}$、$Z_\text{B}$、$Z_\text{C}$的三个末端连接在一起,接到电源的中线上。三相负载的首端分别接到电源的三条相线上。由此可知,每相负载的电压等于电源的相电压。

在三相电路中,流经每相负载的电流称为相电流,用$\dot{I}_P$表示;流经电源相线的电流称为线电流,用$\dot{I}_L$表示。由于三相电源提供的线电压和相电压是对称的,当负载对称,即$Z_\text{A} = Z_\text{B} = Z_\text{C} = R + \text{j}X = |Z|\angle\varphi$,且作星形连接时,由图 4.1.6(a)可看出,线电流等于相电流,即

$$\dot{I}_P = \dot{I}_L \tag{4.1.6}$$

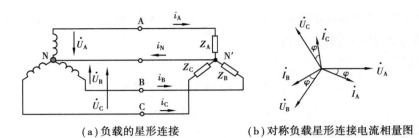

（a）负载的星形连接 （b）对称负载星形连接电流相量图

图 4.1.6 负载的星形连接和电流相量

设以 $\dot{U}_A$ 为参考相量,则各相电压可表示为

$$
\left.
\begin{aligned}
\dot{U}_A &= U\angle 0° = U \\
\dot{U}_B &= U\angle -120° = a^2 U \\
\dot{U}_C &= U\angle 120° = aU
\end{aligned}
\right\}
\tag{4.1.7}
$$

那么,各相电流也是对称的,即

$$
\left.
\begin{aligned}
\dot{I}_A &= \frac{\dot{U}_A}{Z_A} = \frac{U_P\angle 0°}{|Z|\angle\varphi} = \frac{U_P}{|Z|}\angle -\varphi \\
\dot{I}_B &= \frac{\dot{U}_B}{Z_B} = \frac{U_P\angle -120°}{|Z|\angle\varphi} = \frac{U_P}{|Z|}\angle -120° -\varphi
\end{aligned}
\right\}
\tag{4.1.8}
$$

$$
\dot{I}_C = \frac{\dot{U}_C}{Z_C} = \frac{U_P\angle 120°}{|Z|\angle\varphi} = \frac{U_P}{|Z|}\angle 120° -\varphi
$$

$$
\varphi = \arctan\frac{X}{R}
\tag{4.1.9}
$$

由此可画出电流的相量图,如图 4.1.6(b)所示。图中可见,中线电流 $\dot{I}_N$ 为零,即

$$
\dot{I}_N = \dot{I}_A + \dot{I}_B + \dot{I}_C = 0
\tag{4.1.10}
$$

综上所述,对称负载采用星形连接时具有以下特点:

①由于三相负载和三相电压都是对称的,所以相电流也对称,即大小相等,相位互差 120°。因此,只需求出其中一相的电流,其他两相电流可直接推出。

②由于相电流对称,使得中线电流为零,所以中线可以省略,变成三线三相制的供电方式。此时,N 点和 N′之间的电压为零,说明在对称负载和对称电源的三相电路中,即使中线断开,电源的中性点和负载的中性点也是等电位的,与有中性线时完全相同,各相负载的电流和电压都是对称的,负载的工作不受中线的影响。

【例 4.1.2】 有一对称三相正弦交流电路,负载为星形连接时,线电压为 380 V,每相负载阻抗为 6 Ω 电阻与 8 Ω 感抗串接,试求负载的相电流的大小。

**解** 已知电压 $U_L = 380$ V,则

相电压 $U_P = \dfrac{U_L}{\sqrt{3}} = \dfrac{380}{\sqrt{3}} = 220(\mathrm{V})$

每相负载电阻 $R = 6\ \Omega$

每相负载感抗 $X_L = 6\ \Omega$

每相负载阻抗 $Z = \sqrt{R^2 + X^2} = \sqrt{6^2 + 8^2} = 10(\Omega)$

则负载相电流为 $I_P = \dfrac{U_P}{Z} = \dfrac{220}{10} = 22(\mathrm{A})$

答:负载相电流为 22 A。

## 实践知识

# 一、三相调压器的工作原理及使用注意事项

三相调压器是一种可调的自耦变压器,可作为带动三相负载的无级平滑调节电压设备。其主要工作原理是将四层三端半导体器件接在电源和负载中间,配上相应的触发控制电路板,就可以调整加到负载上的电压、电流和功率。三相调压器是由三台单相调压器接成星形而组成的,图 4.1.7 中,A、B、C、O 为输入端(初级),a、b、c、o 为输出端(次级)。每相调压器的滑块固定在同一根转轴上,当旋转手柄改变滑块的位置时,能同时调节三相输出电压并保证输出电压的对称性。

（1）三相调压器 A、B、C 接线柱为输入端,a、b、c 接线柱为输出端,O 接线柱为星形(Y 形)中性点。

（2）新安装或长期不用的调压器,运行前须用 500 V 兆欧表测绝缘,满足要求时才可安全使用,否则应进行热烘处理。热烘处理一般可取带电干燥法或送烘房干燥,干燥后应检查各紧固件是否松动,如有松动应加以紧固。

（3）三相调压器的输入输出端钮较多,接线前应一一核对清楚。根据星形连接的特点,三相调压器的中性点 O 和 o 必须连接在一起并与电源中性线相接。

（4）调压器必须良好接地,以保证安全。

（5）三相调压器不准并联使用。

（6）三相调压器的输入电压值不得超过额定电压,以免烧坏调压器;在不使用时,应将输出电压调至 0 V 且切断输入电源。

图 4.1.7　三相调压器

（7）使用时应缓慢均匀地旋转手柄，以免引起电刷损坏或产生火花。

（8）应经常检查调压器的使用情况，如发现电刷磨损过多、缺损，应及时调换同种规格的电刷，并用零号砂纸垫在电刷下面转动手轮数次数，使电刷磨面磨平，接触良好，方可使用。调换的铜石墨复合电刷必须符合规格要求。

（9）线圈与电刷接触的表面，应经常保持清洁，否则易引起打火花而烧坏线圈表面。如发现线圈表面有黑色斑点，可用棉纱蘸酒精（90%）擦拭表面直到斑点除去为止。

（10）从电源接到调压器，调压器到负载的导线和导线端子接头应接触良好，并能通过调压器的额定电流。

# 二、三相照明电路星形连接时电压、电流及分析

## 【任务简介】

1）任务描述

（1）学会三相负载星形连接方法。

（2）验证星形连接负载对称与不对称时，线电压和相电压、线电流和相电流，中线电流之间的关系及变化情况。

（3）理解中性线的作用。

2）任务要求

测量负载对称与不对称时线电压、相电压、中性线电压及相电流、中性线电流数据，验证负载对称与不对称时，各测量量的关系。

3）实施条件（表4.1.1）

表4.1.1　三相负载星形连接

| 项　目 | 基本实施条件 | 备　注 |
|---|---|---|
| 场地 | 电工实验室 | |
| 设备 | 三相调压器一台；灯泡箱一个；电流插座四个；小开关一个；交流电流表一个；交流电压表一个 | |
| 工具 | 电阻、导线若干 | |

## 【任务实施】

1）电路图

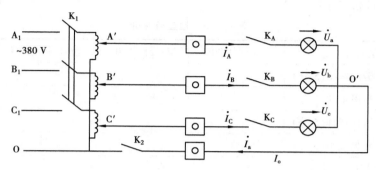

图 4.1.8    三相照明电路星形连接

2）操作步骤

（1）按图 4.1.8 接线。

（2）经老师检查电路接线正确后，合上开关 K。

（3）调整三相调压器，使输出线电压为 220 V，按表 4.1.2 测取数据。

3）数据记录

表 4.1.2    数据记录表

| 内容 \ 项目 | | $U_{AB}$ | $U_{BC}$ | $U_{CA}$ | $U_a$ | $U_b$ | $U_c$ | $U_{o'o}$ | $I_A$ | $I_B$ | $I_C$ | $I_o$ | 备 注 |
|---|---|---|---|---|---|---|---|---|---|---|---|---|---|
| 负载对称 | 无中线 | | | | | | | | | | | | 各相接 390 W |
| | 有中线 | | | | | | | | | | | | 各相接 390 W |
| 负载不对称 | 无中线 | | | | | | | | | | | | A 接 390 W<br>B、C 接 200 W |
| | 有中线 | | | | | | | | | | | | A 接 390 W<br>B、C 接 200 W |
| A 相负载断路 | 无中线 | | | | | | | | | | | | B、C 接 200 W |
| | 有中线 | | | | | | | | | | | | B、C 接 200 W |
| A 相负载短路 | 无中线 | | | | | | | | | | | | B、C 接 200 W |

4）注意事项

（1）三相调压器在合闸前，手柄应放在零位，且输入、输出端不能接错。

（2）注意各表量程的选择。

（3）做 A 相负载短路实验时，一定要无中线，否则会造成 A 相电源短路。

5）思考题

（1）负载对称时 $U_L = \sqrt{3} U_P$，负载不对称时，此关系成立吗？

（2）通过实验，说明中性线的作用。

6）检查与评价（表 4.1.3）

表 4.1.3　检查与评价

| 考评项目 | | 自我评估 20% | 组长评估 20% | 教师评估 60% | 小计 100% |
|---|---|---|---|---|---|
| 素质考评<br>（20 分） | 劳动纪律（5 分） | | | | |
| | 积极主动（5 分） | | | | |
| | 协作精神（5 分） | | | | |
| | 贡献大小（5 分） | | | | |
| 实训安全操作规范，实验装置和相关仪器摆放情况（20 分） | | | | | |
| 过程考评（60 分） | | | | | |
| 总分 | | | | | |

# 任务 4.2　三相照明电路三角形连接

## 【任务目标】

● 知识目标

（1）掌握电源的三角形连接中电压、电流的关系；

（2）掌握负载的三角形连接中电压、电流的关系。

● 能力目标

（1）能识读电路图；

（2）能正确接线；

（3）能使用电流表、电压表、万用表测量相电压、线电压、相电流、线电流；

（4）能进行实验数据分析，验证对称三相负载作三角形连接时，线电流与相电流的关系；

（5）能按要求完成实验报告填写。

● 态度目标

（1）能主动学习，在完成任务过程中发现问题、分析问题和解决问题；

（2）能与小组成员协商、交流配合完成本次学习任务,养成分工合作的团队意识;

（3）严格遵守安全规范,爱岗敬业、勤奋工作。

## 【任务描述】

班级学生自由组合为若干个实验小组,各实验小组自行选出组长,并明确各小组成员的角色。在电工实验室中,各实验小组按照《Q/GDW1799.1—2013 国家电网公司电力安全工作规程》、进网电工证相关标准的要求,对三角形连接的三相照明电路进行相电压、线电压、相电流、线电流的测量,并对测量数据进行分析。

## 【任务准备】

课前预习相关知识部分,独立回答下列问题:

（1）对称负载三角形接法中的线电压和相电压是怎样的关系,线电流和相电流是怎样的关系?

（2）对称负载三角形接法中的线电压和相电压是怎样的关系,线电流和相电流是怎样的关系?

## 【相关知识】

## 理论知识

## 一、三相电源的三角形连接

如果将三相发电机的三个绕组依次首（始端）尾（末端）相连,接成一个闭合回路,则可构成三角形连接,如图 4.2.1 所示。从三个连接点引出的三根导线即为三根端线。

当三相电源作三角形连接时,只能是三相三线制,而且线电压就等于相电压。它们分别表示为

$$\dot{U}_{AB} = \dot{U}_A, \dot{U}_{BC} = \dot{U}_B, \dot{U}_{CA} = \dot{U}_C \tag{4.2.1}$$

三角形连接的电压相量图如图 4.2.2 所示。由对称的概念可知,在任何时刻,三相电压

之和等于零。因此,即便是三个绕组接成闭合回路,只要连接正确,在电源内部并没有回路电流。但是,如果某一相的始端与末端接反,则会在回路中引起电流。

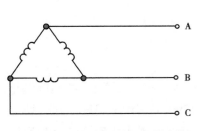

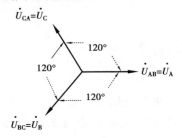

图 4.2.1　三相电源的三角形连接　　　　图 4.2.2　电压相量图

# 二、负载的三角形连接

负载依次连接在电源的两根相线之间,称为负载的三角形连接,如图 4.2.3 所示。图中,各相负载阻抗和相电流以及线电流,分别用 $Z_{AB}$、$Z_{BC}$、$Z_{CA}$ 和 $\dot{I}_{AB}$、$\dot{I}_{BC}$、$\dot{I}_{CA}$ 及 $\dot{I}_A$、$\dot{I}_B$、$\dot{I}_C$ 表示。

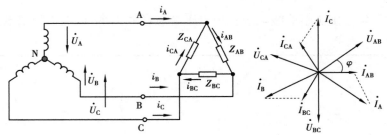

图 4.2.3　负载的三角形连接和相量图

当负载连接成三角形时,各相负载的相电压就等于电源的线电压,不论负载是否对称,其相电压总是对称的,即

$$U_{AB} = U_{BC} = U_{CA} = U_l = U_p \tag{4.2.2}$$

当各相负载对称时,即 $Z_{AB} = Z_{BC} = Z_{CA} = R + jX = |Z| \angle \varphi$,则各相电流也是对称的,即

$$\left. \begin{aligned} \dot{I}_{AB} &= \frac{\dot{U}_{AB}}{Z_{AB}} = \frac{U_l}{|Z|} \angle -\varphi \\[2mm] \dot{I}_{BC} &= \frac{\dot{U}_{BC}}{Z_{BC}} = \frac{U_l}{|Z|} \angle -120° - \varphi \\[2mm] \dot{I}_{CA} &= \frac{\dot{U}_{CA}}{Z_{CA}} = \frac{U_l}{|Z|} \angle 120° - \varphi \end{aligned} \right\} \tag{4.2.3}$$

由图 4.2.3(a)可以看出,负载相电流不等于线电流。可根据基尔霍夫电流定律求出它

们的相量关系式,即

$$\left.\begin{array}{l} \dot{I}_A = \dot{I}_{AB} - \dot{I}_{CA} \\ \dot{I}_B = \dot{I}_{BC} - \dot{I}_{AB} \\ \dot{I}_C = \dot{I}_{CA} - \dot{I}_{BC} \end{array}\right\} \tag{4.2.4}$$

若三相都为感性对称负载时,则根据上述分析结果可作出相量图,如图4.2.3(b)所示。

根据相量图几何关系,线电流滞后于相应的相电流30°。由 $\frac{1}{2}I_A = I_{AB}\cos 30° = \frac{\sqrt{3}}{2}I_{AB}$ 得

$$I_A = \sqrt{3}I_{AB} = \sqrt{3}I_P$$

同理得

$$I_B = I_C = \sqrt{3}I_P \tag{4.2.5}$$

$$I_L = \sqrt{3}I_P \tag{4.2.6}$$

即对称负载采用三角形接法时,线电流等于相电流的 $\sqrt{3}$ 倍,三个线电流也是对称的。

三相负载每一相的电流对应的电压相位分别互差 $\varphi$ 角,也是对称的,即

$$\varphi = \arctan\frac{X}{R} \tag{4.2.7}$$

根据星形连接和三角形连接负载的电压特性可知:三相负载采用何种连接方式由负载的额定电压决定。当负载额定电压等于电源线电压时,采用三角形连接;当负载额定电压等于电源相电压时,采用星形连接。

【例4.2.1】　如图4.2.3所示的是负载三角形接法的三相三线制电路,各相负载的复阻抗 $Z = 6 + j8$,外加线电压 $U_l = 380$ V,试求正常工作时负载的相电流和线电流。

**解**　由于正常工作时是对称电路,故可归结到一相来计算。

每相阻抗

$$|Z| = \sqrt{R^2 + X^2} = \sqrt{6^2 + 8^2} = 10\ \Omega$$

其相电流为

$$I_P = \frac{U_P}{|Z|} = \frac{380}{10} = 38\ A$$

故线电流

$$I_l = \sqrt{3}I_P = \sqrt{3} \times 38 = 65.8\ A$$

相电压与相电流的相位角

$$\varphi = \arctan\frac{X}{R} = \arctan\frac{8}{6} = 53.1°$$

【例4.2.2】　某三相对称负载阻抗 $Z_1 = (10\sqrt{3} - j10)\ \Omega$ 和一单相负载阻抗 $Z_2 = (8 - j6)\ \Omega$ 接在三相四线制电源上,电路如图4.2.4所示。已知电源相电压 $U_P = 220$ V。试求 $\dot{I}_{AB}$,$\dot{I}_{A1}$,$\dot{I}_{A2}$ 及 $\dot{I}_A$。

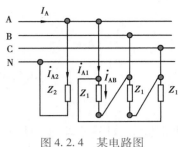

图 4.2.4　某电路图

**解**　令 $\dot{U}_A = \dot{U}_P \angle 0° = 220 \angle 0°\text{ V}$

则 $\dot{U}_{AB} = \sqrt{3}\,\dot{U}_A \angle 30° = 380 \angle 30°(\text{V})$

$$\dot{I}_{A2} = \frac{\dot{U}_A}{Z_2} = \frac{220 \angle 0°}{8 - \text{j}6} = 22 \angle 36.9°(\text{A})$$

$$\dot{I}_{AB} = \frac{\dot{U}_{AB}}{Z_1} = \frac{380 \angle 0°}{10\sqrt{3} - \text{j}10} = 19 \angle 0°(\text{A})$$

$$\dot{I}_{A1} = \sqrt{3}\,\dot{I}_{AB} \angle -30° = \sqrt{3} \times 19 \angle -30° = 32.9 \angle -30°(\text{A})$$

$$\dot{I}_A = \dot{I}_{A1} + \dot{I}_{A2} = 32.9 \angle -30° + 22 \angle 36.9° = 46.2 \angle -4.02°(\text{A})$$

# 三、三相对称电路的分析计算

三相电源与三相负荷之间的连接有 Y-Y；Y-△；△-△；△-Y 四种方式，Y-Y 是典型的三相电路。

Y-Y 连接方式如图 4.2.5(a)所示。

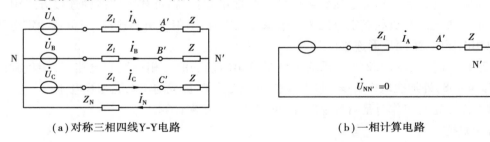

（a）对称三相四线Y-Y电路　　　　　　　　　　（b）一相计算电路

图 4.2.5　Y-Y 连接的三相对称电路的简化计算

三相对称电路具有对称性，计算过程可以简化。对图 4.2.5(a)设 N 点为参考节点，列写节点电压方程为

$$\left(\frac{1}{Z_N} + \frac{3}{Z + Z_l}\right)\dot{U}_{N'N} = \frac{1}{Z + Z_l}(\dot{U}_A + \dot{U}_B + \dot{U}_C)$$

由 $\dot{U}_A + \dot{U}_B + \dot{U}_C = 0$，得 $\dot{U}_{N'N} = 0$

中线电流为"0"，又因三相电源、负载均对称，所以可以得出以下结论：

（1）Y-Y 对称三相电路可以不要中线。

（2）三相电路中的各相电压、电流均对称。

（3）只需要计算一相，其他两相可根据计算出来的那一相直接写出。对于 Y-△ 连接的三相对称电路，可利用 Y-△ 变换为 Y-Y，再进行计算。

计算对称三相正弦交流电路的一般方法步骤如下：

（1）将对称三相电源看成对称 Y 形电源或变换成等效的对称 Y 形电源。

（2）将对称的△负载变换成等效的对称星形负载,从而将三相电路系统变换成 Y-Y 系统。

（3）从等效变换后的三相系统中取出其中一相电路,画出该相计算电路图,计算出一相电路中的电压和电流。注:一相电路中电压为 Y 连接的相电压,一相电路中的电流为线电流。

（4）根据△连接及 Y 形连接时线量与相量之间的关系,求出原电路的电压电流。

（5）根据对称性求出其他两相相应的电压和电流。

**【例 4.2.3】** 有一对称三相正弦交流电路,负载为星形连接时,A 相电压为 $U_A = 220 \angle 0°$ V,每相线路阻抗为 $(1 + j2) \Omega$,每相负载阻抗为 $(5 + j6) \Omega$,中性线阻抗为 $2 \Omega$,试求各相负载的相电流。

**解** 已知相电压 $U_A = 220 \angle 0°$ V,则

每相阻抗 $Z = (1 + j2) + (5 + j6) = 6 + j8 \ \Omega = 10 \angle 53.1° \ (\Omega)$

$$\dot{I}_A = \frac{\dot{U}}{Z} = \frac{220 \angle 0°}{10 \angle 53.1°} = 22 \angle -53.1° (A)$$

$$\dot{I}_B = 22 \angle -53.1° - 120° = 22 \angle -173.1° (A)$$

$$\dot{I}_C = 22 \angle -53.1° + 120° = 22 \angle 66.9° (A)$$

**【例 4.2.4】** 已知如图 4.2.6(a)所示的对称三相电路的线电压 $U_1 = 380$ V(电源端),三角形负载阻抗 $Z = (4.5 + j14) \Omega$、端线阻抗 $Z_1 = (1.5 + j2) \Omega$。求线电流和负载的相电流,并作相量图。

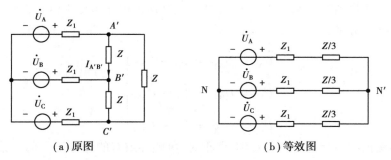

（a）原图  （b）等效图

图 4.2.6 某三相对称电路图及等效电路图

**解** 把三角形负载用等效的星形负载代替,再归结为一相计算,如图 4.2.6 所示。

$$U_l = 380 \text{ V}$$

$$U_A = \frac{U_l}{\sqrt{3}} = 220 \text{ V}$$

设 $U_A$ 为参考相量, $\dot{U}_A = 220$ V$\angle 0°$,则线电流

$$\dot{I} = \frac{\dot{U}_A}{Z/3 + Z_1} = \frac{220 \text{ V} \angle 0°}{(4.5 + j14)/3 + 1.5 + j2} = 30.08 \angle -65.78° (A)$$

负载的相电流为

$$\dot{I}_{AB'} = \frac{\dot{I}}{\sqrt{3}} \angle 30° = 17.37 \angle -35.780°(A)$$

## 四、不对称三相电路的分析计算

在三相电路中,只要电源、负载和线路中有一部分不对称,就称为不对称三相电路。一般来说,三相电源、线路都是对称的,主要是负载的不对称引起电路的不对称。一般的照明负载电路,即便设计是对称的,使用时也常常是不对称的。当然,线路或负载的故障也将导致电路的不对称。这里主要讨论不对称星形负载电路的分析计算。

不对称星形负载电路的计算首先是中点电压的计算,故称为中点电压法。对于图4.2.7所示的电路,$\dot{U}_{N'N}$即为三相四线制电路的中点电压。

1)当开关S打开时

$$\dot{U}_{N'N} = \frac{\dfrac{\dot{U}_{A}}{Z_{A}} + \dfrac{\dot{U}_{B}}{Z_{B}} + \dfrac{\dot{U}_{C}}{Z_{C}}}{\dfrac{1}{Z_{A}} + \dfrac{1}{Z_{B}} + \dfrac{1}{Z_{C}}} \neq 0 \qquad (4.2.8)$$

此时,负载中点与电源中点电位不同了。在相量图中,N'点与N点不再重合,这一现象称为中点位移。相量图如图4.2.8所示。此时,负载端的电压可由KVL求得。

负载各相电压分别为

$$\left.\begin{array}{l} \dot{U}_{A'} = \dot{U}_{AN'} = \dot{U}_{A} - \dot{U}_{N'N} \\ \dot{U}_{B'} = \dot{U}_{BN'} = \dot{U}_{B} - \dot{U}_{N'N} \\ \dot{U}_{C'} = \dot{U}_{CN'} = \dot{U}_{C} - \dot{U}_{N'N} \end{array}\right\} \qquad (4.2.9)$$

中点位移使负载端相电压不再对称,严重时,可能导致有的相电压太低以致负载不能正常工作,有的相电压却又高出负载额定电压许多造成负载烧毁。因此,三相三线制星形连接的电路一般不用于照明、家用电器等各种负载,多用于三相电动机等动力负载。

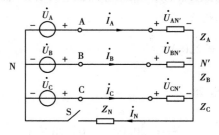

图4.2.7　三相三线制电路

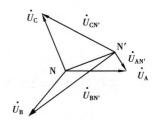

图4.2.8　中点位移

负载各相电流(即线电流)为

$$\dot{I}_{\mathrm{A}} = \frac{\dot{U}_{\mathrm{A'}}}{Z_{\mathrm{A}}}, \dot{I}_{\mathrm{B}} = \frac{\dot{U}_{\mathrm{B'}}}{Z_{\mathrm{B}}}, \dot{I}_{\mathrm{C}} = \frac{\dot{U}_{\mathrm{C'}}}{Z_{\mathrm{C}}} \qquad (4.2.10)$$

2)当开关 S 闭合时

(1)当 $Z_{\mathrm{N}} \neq 0$ 时:

$$\dot{U}_{\mathrm{N'N}} = \frac{\dfrac{\dot{U}_{\mathrm{A}}}{Z_{\mathrm{A}}} + \dfrac{\dot{U}_{\mathrm{B}}}{Z_{\mathrm{B}}} + \dfrac{\dot{U}_{\mathrm{C}}}{Z_{\mathrm{C}}}}{\dfrac{1}{Z_{\mathrm{A}}} + \dfrac{1}{Z_{\mathrm{B}}} + \dfrac{1}{Z_{\mathrm{C}}} + \dfrac{1}{Z_{\mathrm{N}}}} \neq 0 \qquad (4.2.11)$$

(2) $Z_{\mathrm{N}} = 0$ 时

$$\dot{U}_{\mathrm{N'N}} = 0$$

负载上得到三相对称电压,但三相负载不对称时,中线上有电流 $I_{\mathrm{N}}$ 通过。

# 五、星形连接时中线的作用和要求

中线在三相电路中的作用是既能为用户提供两种不同的电压,同时又为星形连接的不对称负载提供对称的三相电压。如果三相负载对称,中线中无电流,故可将中线除去而成为三相三线制系统。但是如果三相负载不对称,中线上就会有电流通过,此时中线是不能被除去的,否则会造成负载上三相电压严重不对称,致使某些相的设备轻载,某些相的设备过载甚至烧毁,用电设备不能正常工作。因此,可以说:三相四线制容许负载不对称,中线的作用是至关重要的。一旦中线发生断路事故,四线制成为三线制,不对称负载的相电压就不对称,可能导致相当严重的后果。因此,四线制必须保证中线的可靠连接。中线必须具有足够机械强度,在中线上不准接入熔断器或者开关,还要经常定期检查、维修,预防事故发生。此外,如果中线电流过大,中线阻抗即使很小,其上的电压降也会引起中点的位移。所以即使采用四线制供电,也应尽可能使负载对称,以限制中线电流。

星形连接时中线的作用和要求如下:

(1)在对称电路中,中线可以省去;

(2)在不对称负载电路中,中线的作用在于使星形连接的不对称负载的相电压对称;

(3)在不对称负载电路中,为了保证负载电压对称,不能让中线断开;

(4)为了保证中性点电位固定,应尽可能使负载对称,中线电流尽可能小。

【例 4.2.5】　三相四线制 Y-Y 电路中,对称三相电源的线电压 $U_L = 380$ V,负载分别为 $Z_{\mathrm{A}} = (2 - \mathrm{j}1)\,\Omega, Z_{\mathrm{B}} = 4\,\Omega, Z_{\mathrm{C}} = \mathrm{j}6\,\Omega$。试求:

(1)中线阻抗 $Z_{\mathrm{N}} = 1 + \mathrm{j}2$ 时的线电流,中线电流。

(2) $Z_{\mathrm{N}} = 0$ 时的线电流,中线电流。

(3)无中线时的线电流。

**解** （1）$\dot{U}_A = \dfrac{\dot{U}_{AB}}{\sqrt{3}} \angle 0° = 220 \angle 0°(\text{V})$

$$\dot{U}_{N'N} = \frac{\dot{U}_A Y_A + \dot{U}_B Y_B + \dot{U}_C Y_C}{Y_A + Y_B + Y_C + Y_N} = 100.73 \angle 32.31°(\text{V})$$

所以

$$\dot{I}_A = \frac{\dot{U}_A - \dot{U}_{N'N}}{Z_A} = 64.95 \angle 4.81°(\text{A})$$

$$\dot{I}_B = \frac{\dot{U}_B - \dot{U}_{N'N}}{Z_B} = 78.18 \angle -128.6°(\text{A})$$

$$\dot{I}_C = \frac{\dot{U}_C - \dot{U}_{N'N}}{Z_C} = 39.7 \angle 54.99°(\text{A})$$

$$\dot{I}_A = \frac{\dot{U}_{N'N}}{Z_N} = 45.05 \angle -31.12°(\text{A})$$

（2）$Z_N = 0$ 时的线电流，中线电流：

$$\dot{I}_A = \frac{\dot{U}_A}{Z_A} = 98.39 \angle 4.81°(\text{A})$$

$$\dot{I}_B = \frac{\dot{U}_B}{Z_A} = 55 \angle -120°(\text{A})$$

$$\dot{I}_C = \frac{\dot{U}_C - \dot{U}_{N'N}}{Z_C} = 39.7 \angle 54.99°(\text{A})$$

$$\dot{I}_N = \dot{I}_A + \dot{I}_B + \dot{I}_C = 93.28 \angle 8.96°(\text{A})$$

（3）无中线时的线电流

$$\dot{U}_{N'N} = \frac{\dot{U}_A Y_A + \dot{U}_B Y_B + \dot{U}_C Y_C}{Y_A + Y_B + Y_C}$$

$$= 143.5 \angle 6.13°\text{V}$$

$$\dot{I}_A = \frac{\dot{U}_A - \dot{U}_{N'N}}{Z_A} = 35.19 \angle 15.36°(\text{A})$$

$$\dot{I}_B = \frac{\dot{U}_B - \dot{U}_{N'N}}{Z_B} = 81.48 \angle -140.83°(\text{A})$$

$$\dot{I}_C = \frac{\dot{U}_C - \dot{U}_{N'N}}{Z_C} = 51.25 \angle 55.26°(\text{A})$$

【**例** 4.2.6】 如图 4.2.9 所示的三相四线制电路，其各相电阻分别为 $R_a = R_b = 20\ \Omega$，$R_c = 10\ \Omega$。已知对称三相电源的线电压 $U_L = 380\ \text{V}$，求相电流、线电流和中线电流。

**解**　因电路为三相四线制,所以每相负载两端电压均为电源相电压,即

$$U_P = U_L/\sqrt{3} = 380/\sqrt{3} = 220(\text{V})$$

设 $\dot{U}_A = 220\angle 0°\text{V}$,则

$$\dot{U}_B = 220\angle -120°\text{V}, \dot{U}_C = 220\angle 120°\text{V}$$

所以,各相相电流分别为

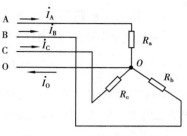

图 4.2.9　三相四线制电路

$$\dot{I}_a = \dot{U}_A/R_a = 220/20 = 11(\text{A})$$

$$\dot{I}_b = \dot{U}_B/R_b = 220\angle -120°/20 = 11\angle -120°(\text{A})$$

$$\dot{I}_c = \dot{U}_C/R_c = 220\angle 120°/10 = 22\angle 120°(\text{A})$$

因负载星形连接,所以线电流等于相电流,即 $I_A = 11$ A, $I_B = 11$ A, $I_C = 22$ A。

中线电流

$$\dot{I}_O = \dot{I}_a + \dot{I}_b + \dot{I}_c = 11 + 11\angle -120° + 22\angle 120° = 11\angle 120°(\text{A})$$

答:相电流 $\dot{I}_a$ 为 11 A, $\dot{I}_b$ 为 $11\angle -120°$A, $\dot{I}_c$ 为 $22\angle 120°$A;线电流 $I_A$ 为 11 A, $I_B$ 为 11 A, $I_C$ 为 22 A;中线电流为 $11\angle 120°$A。

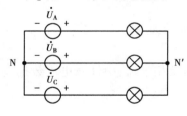

图 4.2.10　某照明电路

**【例 4.2.7】**　图 4.2.10 中电源电压对称,线电压 $U = 380$ V,负载为电灯组,每相电灯(额定电压 220 V)负载的电阻 400 Ω。试计算:

(1)负载相电压、相电流;

(2)如果 A 相断开,其他两相负载相电压、相电流;

(3)如果 A 短路,其他两相负载相电压、相电流;

(4)如果采用三相四线制,当 A 相断开、短路时,其他两相负载相电压、相电流。

**解**

(1)负载对称时,可以不接中线,负载的相电压与电源的相电压相等(在额定电压下工作)。

$$U'_A = U'_B = U'_C = \frac{380}{\sqrt{3}} = 220(\text{V})$$

$$I_A = I_B = I_C = \frac{220}{400} = 0.55(\text{A})$$

(2)如果 A 相断开时, $I_A = 0$。

其他两相负载相电压、相电流

$$U'_B = U'_C = \frac{380}{2} = 190(\text{V})(串联)$$

$$I_B = I_C = \frac{190}{400} = 0.475(\text{A})(灯暗)$$

（3）如果 A 短路时，其他两相负载相电压、相电流：

$U'_B = U'_C = 380$ V（线电压）超过了额定电压，灯将被损坏。

$$I_B = I_C = \frac{380}{400} = 0.95 \text{ A（灯亮）}$$

（4）如果采用了三相四线制，当 A 相断开、短路时，因有中线，其余两相未受影响，电压仍为 220 V。但 A 相短路电流很大会将熔断器熔断。

## 实践知识

## 【任务简介】

1）任务描述

（1）学会三相负载作三角形连接的方法。

（2）验证对称三相负载作三角形连接时，线电流与相电流的关系。

（3）学会三相负载作三角形连接的方法。

（4）验证对称三相负载作三角形连接时，线电流与相电流的关系。

2）任务要求

测量负载对称与不对称时，线电压、相电压、中性线电压及相电流、中性线电流数据，验证负载对称与不对称时，各测量量的关系。

3）实施条件（见表 4.2.1）

表 4.2.1　三相负载的三角形连接

| 项　目 | 基本实施条件 | 备　注 |
|---|---|---|
| 场地 | 电工实验室 | |
| 设备 | 三相调压器一台；灯泡箱一个；交流电流表一个；交流电压表一个；电流插座六个 | |
| 工具 | 电阻、导线若干 | |

## 【任务实施】

1）电路图

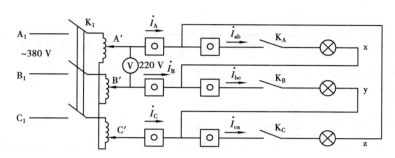

图 4.2.11　三相照明电路三角形连接

2）操作步骤

（1）按图 4.2.11 接线。

（2）经老师检查电路接线正确后，合上开关 K。

（3）调整三相调压器，使输出线电压为 220 V，按表 4.2.2 测取数据。

3）数据记录

表 4.2.2　数据记录表

| 项　目 | 测　量 | | | | | | | | | 备　注 |
|---|---|---|---|---|---|---|---|---|---|---|
| | $U_{AB}$ | $U_{BC}$ | $U_{CA}$ | $I_{ab}$ | $I_{bc}$ | $I_{ca}$ | $I_A$ | $I_B$ | $I_C$ | |
| 单位 | V | V | V | A | A | A | A | A | A | |
| 负载对称 | | | | | | | | | | 每相 390 W |
| 负载不对称 | | | | | | | | | | A 相 390 W　B、C 各 200 W |
| A 相负载短路 | | | | | | | | | | B、C 相各 390 W |
| A 相电源线路断开 | | | | | | | | | | A、B、C 各 390 W |

4）注意事项

（1）三相调压器在合闸前，手柄应放在零位，且输入、输出端不能接错。

（2）注意各表量程的选择。

（3）做 A 相负载短路实验时，一定要无中线，否则会造成 A 相电源短路。

5）思考题

（1）检验 $I_L = I_P$ 在什么情况下成立？

（2）当 A 相电源线路断开时，A、C 两相负载灯泡为什么发暗？试分析之。

6）检查与评价

表 4.2.3　检查与评价

| 考评项目/分 | | 自我评估 20% | 组长评估 20% | 教师评估 60% | 小计 100% |
|---|---|---|---|---|---|
| 素质考评<br>（20 分） | 劳动纪律（5 分） | | | | |
| | 积极主动（5 分） | | | | |
| | 协作精神（5 分） | | | | |
| | 贡献大小（5 分） | | | | |

续表

| 考评项目/分 | 自我评估20% | 组长评估20% | 教师评估60% | 小计100% |
|---|---|---|---|---|
| 实训安全操作规范,实验装置和相关仪器摆放情况(20分) | | | | |
| 过程考评(60分) | | | | |
| 总分 | | | | |

# 任务4.3  三相电路有功功率的测量

## 【任务目标】

● 知识目标

(1)掌握三相电路功率的计算原理;

(2)掌握三相电路有功功率的测量方法。

● 能力目标

(1)能识读电路图;

(2)能正确按图接线;

(3)能用两表法测量三相有功功率的数据,验证电压、电流与功率之间的关系;

(4)能进行实验数据分析;

(5)能完成实验报告填写。

● 态度目标

(1)能主动学习,在完成任务过程中发现问题、分析问题和解决问题;

(2)能与小组成员协商、交流配合完成本次学习任务,养成分工合作的团队意识;

(3)严格遵守安全规范,爱岗敬业、勤奋工作。

## 【任务描述】

班级学生自由组合为若干个实验小组,各实验小组自行选出组长,并明确各小组成员的角色。在电工实验室中,各实验小组按照《Q/GDW 1799.1—2013 国家电网公司电力安全工作规程》、进网电工证相关标准的要求,进行有功功率的测量。

# 【任务准备】

课前预习相关知识部分,独立回答下列问题:
(1)三相电路功率的计算用到哪些公式?
(2)对称三相电路和非对称三相电路功率的计算有何不同?
(3)两表法为什么能测量三相有功功率?

# 【相关知识】

## 理论知识

## 一、三相交流电路的功率

　　交流电路中,总的有功功率等于各部分有功功率之和。因此,不论三相负载对称与否,不论负载是何种接法,三相交流电路总的有功功率等于三相负载有功功率之和,即

$$P = P_\text{A} + P_\text{B} + P_\text{C} = U_\text{A}I_\text{A}\cos\varphi_\text{A} + U_\text{B}I_\text{B}\cos\varphi_\text{B} + U_\text{C}I_\text{C}\cos\varphi_\text{C} \tag{4.3.1}$$

式中,$U_\text{A}$、$U_\text{B}$、$U_\text{C}$ 是三相负载的相电压;$I_\text{A}$、$I_\text{B}$、$I_\text{C}$ 是三相负载的相电流;$\varphi_\text{A}$、$\varphi_\text{B}$、$\varphi_\text{C}$ 是各相负载相电压、相电流的相位差角。

　　同样,三相电路的总无功功率等于三相负载无功功率之代数和,即

$$Q = Q_\text{A} + Q_\text{B} + Q_\text{C} = U_\text{A}I_\text{A}\sin\varphi_\text{A} + U_\text{B}I_\text{B}\sin\varphi_\text{B} + U_\text{C}I_\text{C}\sin\varphi_\text{C} \tag{4.3.2}$$

　　注意:按单相交流电路的约定,对电感性负载,$\varphi$ 取正,无功功率为正;对容性负载,$\varphi$ 取负,无功功率取负。

　　三相交流电路总的视在功率为

$$S = \sqrt{P^2 + Q^2} \tag{4.3.3}$$

　　注意:$S \ne S_\text{A} + S_\text{B} + S_\text{C}$。

## 二、对称三相电路的功率

　　当三相负载对称时,各相负载的有功功率相等,所以总的有功功率是一相有功功率的 3 倍,即

$$P = 3P_P = 3U_P I_P \cos \varphi_P \qquad (4.3.4)$$

对称的三相负载若是星形连接,则

$$U_P = \frac{1}{\sqrt{3}} U_L , I_P = I_L$$

则可得三相电路的有功功率为

$$P = 3U_P I_P \cos \varphi_P = \frac{3}{\sqrt{3}} U_L I_L \cos \varphi_P = \sqrt{3} U_L I_L \cos \varphi_P \qquad (4.3.5)$$

对称的三相负载若是三角形连接,则

$$U_P = U_L , I_P = \frac{1}{\sqrt{3}} I_L$$

则可得三相电路有功功率为

$$P = 3U_P I_P \cos \varphi_P = 3U_L \frac{1}{\sqrt{3}} I_L \cos \varphi_P = \sqrt{3} U_L I_L \cos \varphi_P \qquad (4.3.6)$$

总之,只要是对称负载,不论是星形连接还是三角形连接,对称三相电路的有功功率为

$$P = \sqrt{3} U_L I_L \cos \varphi_P \qquad (4.3.7)$$

式中,$U_L$、$I_L$ 是线电压、线电流;$\varphi_P$ 是对称负载的阻抗角,也就是相电压、相电流之间的相位差角。这个公式在计算三相电路功率时有普遍的实际意义,因为三相交流电路中线电压和线电流的数值能比较容易地被检测出来。

同理,对称三相交流电路的总无功功率为

$$Q = 3U_P I_P \sin \varphi_P = \sqrt{3} U_L I_L \sin \varphi_P \qquad (4.3.8)$$

对称的三相交流电路总视在功率为

$$S = \sqrt{P^2 + Q^2} = 3U_P I_P = \sqrt{3} U_L I_L \qquad (4.3.9)$$

【例 4.3.1】 一台额定容量 $S_e = 31\ 500$ kVA 的三相变压器,额定电压 $U_{1e} = 220$ kV,$U_{2e} = 38.5$ kV,求一次侧和二次侧的额定电流 $I_{e1}$ 和 $I_{e2}$。

**解** 
$$I_{e1} = S_e / \sqrt{3} U_{1e} = 31\ 500 / (\sqrt{3} \times 220) = 82.6 (\text{A})$$
$$I_{e2} = S_e / \sqrt{3} U_{2e} = 31\ 500 / (\sqrt{3} \times 38.5) = 472.5 (\text{A})$$

答:一次侧额定电流为 82.6 A,二次侧额定电流为 472.5 A。

【例 4.3.2】 有一台三相电动机绕组,接成三角形后接于线电压 $U_1 = 380$ V 的电源上,电源供给的有功功率 $P_1 = 8.2$ kW,功率因数为 0.83,求电动机的相、线电流。若将此电动机绕组改星形连接,求此时电动机的线电流、相电流及有功功率。

**解** 接成三角形接线时

$$P_1 = \sqrt{3} I_{L1} U \cos \varphi$$
$$I_{L1} = P_1 / \sqrt{3} U \cos \varphi = 8\ 200 / (\sqrt{3} \times 380 \times 0.83) = 15 (\text{A})$$
$$I_{P1} = I / \sqrt{3} = 15 / \sqrt{3} = 8.6 (\text{A})$$

接成星形接线时

$$I_{l2} = I_{P2} = 15/\sqrt{3} = 8.6(\text{A})$$

$$P_2 = \sqrt{3}UI_{l2}\cos\varphi$$

$$P_1/P_2 = I_{L1}/I_{L2}$$

$$P_2 = P_1/\sqrt{3} = 8\ 200/\sqrt{3} = 4\ 734(\text{W})$$

答:接成三角形接线时,电动机的相电流为8.6 A,线电流为15 A;接成星形接线时,电动机的线电流、相电流均为8.6 A,有功功率为4 734 W。

【例4.3.3】　有一三相电动机,每相的等效电阻 $R = 29$,等效感抗 $X_L = 21.8$,试求在下列两种情况下电动机的相电流、线电流以及从电源输入的功率,并比较所得结果。

(a)绕组接成星形接于 $U_1 = 380$ V的三相电源上;

(b)绕组接成三角形接于 $U_1 = 220$ V的三相电源上。

**解**　每相绕组的阻抗为 $|Z| = \sqrt{R^2 + X_L^2}$。

(a)星形连接时:

$$I_P = \frac{U_P}{|Z|} = \frac{220}{\sqrt{29^2 + 21.8^2}} = 6.1(\text{A})$$

$$I_l = I_P = 6.1(\text{A})$$

$$P = \sqrt{3}U_lI_l\cos\psi = \sqrt{3} \times 380 \times 6.1 \times \frac{29}{\sqrt{29^2 + 21.8^2}} = 3.2(\text{kW})$$

(b)三角形连接时:

$$I_P = \frac{U_P}{|Z|} = \frac{220}{\sqrt{29^2 + 21.8^2}} = 6.1(\text{A})$$

$$I_l = \sqrt{3}I_P = \sqrt{3} \times 6.1 = 10.5(\text{A})$$

$$P = \sqrt{3}U_lI_l\cos\psi = \sqrt{3} \times 380 \times 10.5 \times \frac{29}{\sqrt{29^2 + 21.8^2}} = 3.2(\text{kW})$$

比较两种结果,只要电动机每相绕组承受的电压不变,则电动机的输入功率不变。因此,当电源线电压为380 V时,电动机绕组应连成星形;而当电源线电压为220 V时,电动机绕组应连成三角形。在这两种连接法中,仅线电流在星形接法时比三角形接法时大 $\sqrt{3}$ 倍,而相电流、相电压及功率都未改变。

# 三、三相电路有功功率的测量

1)三线制三相电路的有功功率测量

对于三线制,无论负载对称与不对称,均可用二表法测出三相总功率。二表法测量功率接线如图4.3.1所示,功率表接线只触及端线(取用线电压和线电流)而不触及电源和负载,且与它们的连接方式无关。假如是负载对称按图中的参考方向,其相量如图4.3.2所示。

功率表 1 测得功率：$P_1 = U_{AB}I_A\cos(30° + \varphi)$

功率表 2 测得功率：$P_2 = U_{AB}I_C\cos(30° - \varphi)$

$$P_总 = P_1 + P_2 = U_{AB}I_C\cos(30° - \varphi) + U_{AB}I_C\cos(30° - \varphi) = \sqrt{3}\,U_线 I_线 \cos\varphi$$

所以两个瓦特表的读数相加就是三相总功率。

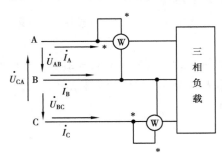

图 4.3.1　三线制电路功率测量接线图　　　　图 4.3.2　三线制电路相量图

用功率表测出每一相的功率,若两表读数之和与三表读数之和相等,则验证了此方法的正确性。

2)四线制三相电路有功功率的测量

对于三相四线制,对称时:$\dot{I}_N = \dot{I}_A + \dot{I}_B + \dot{I}_C = 0$,仍可使用两表法测量三相功率。测量接线如图 4.3.1 所示。

不对称时:$\dot{I}_N = \dot{I}_A + \dot{I}_B + \dot{I}_C \neq 0$,必须使用三表法测量三相功率。测量接线如图 4.3.3 所示。

【例 4.3.4】　电路如图 4.3.4 所示。各电表读数分别为 380 V,10 A,2 kW。三相电源与三相负载均对称。求:

(1)每相负载的等效阻抗(感性);

(2)若中线断开且 B 相负载开路时的各相、线电流;

(3)B 相断开处电压及三相负载有功功率。

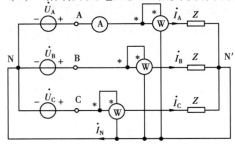

图 4.3.3　三表法测量有功功率接线图

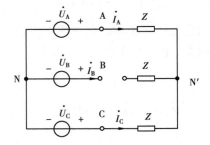

图 4.3.4　【例 4.3.4】对应电路图

**解**　(1)每相负载的等效阻抗为

$$|Z| = \frac{U_p}{I_p} = \frac{U_l/\sqrt{3}}{I_l} = \frac{220}{10} = 20(\Omega)$$

对称三相负载功率因数为

$$\lambda = \cos \varphi = \frac{P}{\sqrt{3}\,U_l I_l} = \frac{3 \times 2 \times 10^3}{\sqrt{3} \times 380 \times 20} = 0.91$$

各相阻抗角 $\varphi = \arccos 0.91 = 24.27°$

因此等效阻抗为 $Z = 22\angle 24.27°\ \Omega$

(2) 设 $\dot{U}_{AB} = 380\angle 0°\ \mathrm{V}$,则 $\dot{U}_{BC} = 380\angle -120°\ \mathrm{V}$, $\dot{U}_{CA} = 380\angle 120°(\mathrm{V})$。

各相、线电流为

$$\dot{I}_B = 0\ \mathrm{A} \quad \dot{I}_A = -\dot{I}_C = \frac{\dot{U}_{AC}}{2Z} = \frac{-380\angle 120°}{2 \times 22 \times \angle 24.27°} = 8.64\angle -84.27°(\mathrm{A})$$

(3) B 相负载断开处电压

$$\dot{U}_{BN'} = Z\dot{I}_A - \dot{U}_{AB} = 22\angle 24.27° \times 8.64\angle -84.27° - 380\angle 0°$$
$$= 329.08\angle -149.99°(\mathrm{V})$$

$$\dot{U}_{AN'} = Z\dot{I}_A = 22\angle 24.27° \times 8.64\angle -84.27° = 190\angle -60°(\mathrm{V})$$

$$\dot{U}_{CN'} = Z\dot{I}_C = 22\angle 24.27° \times (-8.64\angle -84.27°) = 190\angle 120°(\mathrm{V})$$

三相负载有功功率

$$P = P_A + P_B + P_C = U_{AN'}I_A \cos \varphi_A + U_{CN'}I_C \cos \varphi_C$$
$$= 190 \times 8.64 \cos[-60° - (-84.27°)] +$$
$$190 \times 8.64 \cos[120 - (180° - 84.27°)]$$
$$= 3(\mathrm{kW})$$

# 实践知识

# 一、三相电路有功功率的测量

# 【任务简介】

1) 任务描述

(1) 学会两表法测量三相有功功率的接线。

(2) 验证两表法测量三相有功功率的正确性。

(3) 能为实际中从事装表接电、抄核收工作打下基础。

2) 任务要求

用两表法测量三相有功功率的数据,验证电压、电流与功率之间的关系。

3）实施条件

表 4.3.1　三相电路有功功率的测量

| 项　目 | 基本实施条件 | 备　注 |
|---|---|---|
| 场地 | 电工实验室 | |
| 设备 | 三相调压器一台;灯泡箱一个;电流插座四个;交流电流表一个;交流电压表一个 | |
| 工具 | 电阻、导线若干 | |

# 【任务实施】

1）电路图

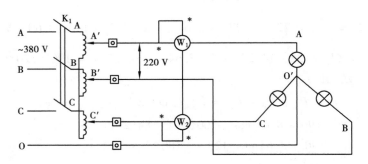

图 4.3.5　三相照明电路三角形连接

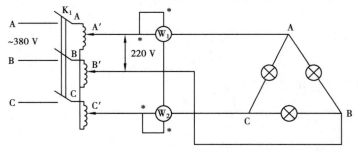

图 4.3.6　三相照明电路星形连接

2）操作步骤

（1）三角形负载有功功率的测量按图 4.3.5 接线。

（2）经老师检查电路后,合上电源开关 K,调整三相调压器,使输出线电压为 220 V,在负载对称与不对称的情况下,用二表法测出 $P_1$、$P_2$ 并记录在表 4.3.2 中。

（3）星形负载有功功率的测量按图 4.3.6 接线。

（4）经老师检查后,合上电源开关 K,调整三相调压器,使输出线电压为 220 V,按表 4.3.3规定的项目测出各表的读数。

3）数据记录

**表 4.3.2　照明电路三角形连接数据记录表**

| 项　目 | | 测量值 | | 计　算 | 备　注 |
|---|---|---|---|---|---|
| | | $P_1/\text{W}$ | $P_2/\text{W}$ | $P_1 + P_2/\text{W}$ | |
| 三角形 | 对称 | | | | 每相 390 W |
| | 不对称 | | | | A 相 40 W，B、C 相 390 W |

**表 4.3.3　照明电路星形数据记录表**

| 负载情况 | | 测量值 | | | | | 计算值 | | 备　注 |
|---|---|---|---|---|---|---|---|---|---|
| | | $P_A$ | $P_B$ | $P_C$ | $P_1$ | $P_2$ | $P_总$ | $P_1 + P_2$ | |
| 负载对称 | 有中性 | | | | | | | | 每相 390 W |
| | 无中性 | | | | | | | | |
| 负载不对称 | 有中性 | | | | | | | | A 相 40 W，B、C 相 390 W |
| | 无中性 | | | | | | | | |

4）注意事项

（1）三相调压器在合闸前，手柄应放在零位，且输入、输出端不能接错。

（2）注意负载对称时，因 $P_A = P_B = P_C$ 只测一相功率即可；当负载不对称时，必须把每相功率测出，因 $P_A \neq P_B \neq P_C$。

（3）因做的项目较多，每更改一次接线要经老师检查后才能合上开关。

5）思考题

（1）用实验数据验证两表法可测任意三线制电路的有功 $P$，两表法可测四线制电路的有功功率吗？

（2）用两表法测三相三线制电路的有功功率的接线规则是怎样的？

6）检查及评价

**表 4.3.4　检查与评价**

| 考评项目 | | 自我评估 20% | 组长评估 20% | 教师评估 60% | 小计 100% |
|---|---|---|---|---|---|
| 素质考评（20 分） | 劳动纪律（5 分） | | | | |
| | 积极主动（5 分） | | | | |
| | 协作精神（5 分） | | | | |
| | 贡献大小（5 分） | | | | |
| 实训安全操作规范，实验装置和相关仪器摆放情况（20 分） | | | | | |
| 过程考评（60 分） | | | | | |
| 总分 | | | | | |

# 【习题4】

## 4.1

一、填空题

4.1.1  三相对称电压就是三个频率、幅值、相位互差（　　　）的三相交流电压。

4.1.2  三相电源相线与中性线之间的电压称为（　　　）。

4.1.3  三相电源相线与相线之间的电压称为（　　　）。

4.1.4  在三相四线制的照明电路中,相电压是（　　　）V,线电压是（　　　）V。

4.1.5  在三相四线制对称电源中,线电压等于相电压的（　　　）倍。

4.1.6  三相四线制电源中,线电流与相电流（　　　）。

4.1.7  在对称三相电路中,已知电源线电压有效值为 380 V,若负载作星形连接,负载相电压为（　　　）。

4.1.8  有中线的三相供电方式称为（　　　）。

4.1.9  一组对称正序电压,已知 $\dot{U}_{A1} = 10$ V, $\dot{U}_{B1} = ($ 　　　$)$ , $\dot{U}_{C1} = ($ 　　　$)$ 。

4.1.10  一组对称负序电压,已知 $\dot{U}_{A2} = 10$ V, $\dot{U}_{B2} = ($ 　　　$)$ , $\dot{U}_{C2} = ($ 　　　$)$ 。

二、判断题

4.1.11  对称三相电路在任一瞬间三个负载的电流之和都为零。（　　　）

4.1.12  在三相电路中,电源、线路、负载只要有一个不对称,其电路就称为不对称三相电路。（　　　）

4.1.13  三相交流电相电压一定大于线电压。（　　　）

4.1.14  星形连接的公共点称为中性点。（　　　）

4.1.15  对称三相正弦电动势达到零值或最大值的先后顺序称为相序。（　　　）

4.1.16  三相四线制供电线路可以提供两种电压。（　　　）

4.1.17  当三相负载越接近对称时,中性线电流越小。（　　　）

4.1.18  对称负载 Y 形连接时,中性线上要连熔断器和开关。（　　　）

4.1.19  中性线阻抗不为零时负载中性点与电源中性点之间出现的电压称为中性点位移。（　　　）

4.1.20  将电源三相绕组的末端连接在一起,三相绕组的首端分别与三相输出电线连接的方式为星形连接。（　　　）

三、选择题

4.1.21  三相负载对称的条件是（　　　）。

（A）每相复阻抗相等

（B）每相阻抗值相等

（C）每相阻抗值相等,阻抗角相差 120°

（D）每相阻抗值和功率因数相等

4.1.22  对称三相星形连接的电源的线电压是相电压的(    )倍。

（A）$\sqrt{2}$           （B）$\sqrt{3}$           （C）2           （D）3

4.1.23  对称三相电源的有效值相等,频率相同,各相之间的相位差为(    )。

（A）120°           （B）60°           （C）30°           （D）0°

4.1.24  在负载为星形连接的三相对称电路中,线电压超前相应的相电压的相位为(    )。

（A）120°           （B）60°           （C）30°           （D）0°

4.1.25  在三相四线制中,中性线的作用是(    )。

（A）构成电流回路                    （B）获得两种电压

（C）使不对称负载相电压对称          （D）使不对称负载相功率对称

4.1.26  三相对称负载星形连接时,相电压有效值是线电压有效值的(    )倍。

（A）1           （B）$\sqrt{3}$           （C）3           （D）$\dfrac{1}{\sqrt{3}}$

4.1.27  有一对称三相正弦交流电路,负载为星形连接时,线电压为 380 V,每相负载阻抗为 10 Ω 电阻与 15 Ω 感抗串接,负载的相电流为(    )A。

（A）380/(10 + 15)                    （B）220/(10 + 15)

（C）380/$\sqrt{10^2 + 15^2}$           （D）220/$\sqrt{10^2 + 15^2}$

4.1.28  已知三相电源线电压 $U_L = 380$ V,接有星形联接的对称负载 $Z = (6 + j8)\,\Omega$,则相电流 $I_p = ($    )。

（A）22           （B）223           （C）38           （D）383

4.1.29  三相电源相电压之间的相位差是 120°,线电压之间的相位差是(    )。

（A）120°           （B）90°           （C）60°           （D）180°

4.1.30  已知对称三相电源的相电压 $u_B = 10\sin(\omega t - 60°)$ V,相序为 A—B—C,则电源作星形连接时,线电压 $u_{BC}$ 为(    )V。

（A）103sin($\omega t - 30°$)                    （B）103sin($\omega t - 90°$)

（C）10sin($\omega t + 90°$)                     （D）10sin($\omega t + 150°$)

四、问答题

4.1.31  三相负载星形连接接入三相四线制电源,负载的相电压及相、线电流应有什么特点?中性线起什么作用?为什么在中性线上不允许接熔断器和开关?

4.1.32  一三相四线制电路,测得三相电流都是 10 A,试问中性线电流是否一定等于零?

4.1.33  什么样的负载称为三相对称负载?在三相四线制供电系统中,在接负载时,为什么要求三相负载连接得尽可能对称些?

4.1.34　三相对称电动势和三相对称电压的特点是什么?

4.1.35　三相四线制电源中,什么是相电压和线电压? 它们之间有什么关系?

4.1.36　三相电源作星形连接时,若将 B 相绕组接反,问各线电压有何变化?

五、计算题

4.1.37　星形连接的对称三相电源,线电压是 $u_{UV} = 311\sin 314t$ (V),试求出其他各线电压和各相电压的解析式。

4.1.38　有一星形连接的对称三相负载,每相电阻 $R_P = 6\ \Omega$,感抗 $X_L = 8\ \Omega$,电源电压对称,已知线电压 $u_{AB} = 380\sqrt{2}\sin(\omega t + 30°)$ V,试写出各个线电流的表达式。

4.1.39　对称的三相负载,每相为 $RL$ 串联电路,其中 $R = 17.32\ \Omega$,$X_L = 10\ \Omega$,每相负载的额定电压为 220 V。接入三相四线制电源,线电压 $u_U = 220\sqrt{2}\sin(314t - 30°)$ V。

(1)该三相负载应如何接入三相电源?

(2)计算负载的相电流。

(3)画出相电流的相量图。

4.1.40　一三四线制电路,每相负荷阻抗 $Z = (60 + j80)\ \Omega$,线路阻抗 $Z_l = (3 + j4)\ \Omega$,中性线阻抗 $Z_N = (6 + j8)\ \Omega$,对称三相电源的 $\dot{U}_A = 220\angle 0°$ V。试求:

(1) $\dot{I}_A$。

(2)A 相负荷的相电压 $\dot{U}'_A$。

(3)负荷的线电压 $\dot{U}'_{AB}$。

4.1.41　一三相四线制电阻电路,已知 $R_A = 11\ \Omega$,$R_B = R_C = 22\ \Omega$,接于线电压为 380 V 的对称三相电源上,试求各相电流和中性线电流的有效值,并以 A 相电压为参考画出相量图。

4.1.42　已知星形连接的三相对称电源,接一星形四线制平衡负载 $Z = 3 + j4\Omega$。若电源线电压为 380 V,问 A 相断路时,中性线电流是多少? 若接成三线制(即星形连接不用中性线),A 相断路时,线电流是多少?

# 4.2

一、填空题

4.2.1　三相对称负载三角形电路中,线电压与相电压(　　　)。

4.2.2　三相对称负载三角形电路中,线电流大小为相电流大小的(　　　)倍、线电流比相应的相电流(　　　)。

4.2.3　在三相对称负载三角形连接的电路中,线电压为 220 V,每相电阻均为 110 Ω,

则相电流 $I_P$ = (　　　),线电流 $I_L$ = (　　　)。

4.2.4　在对称三相电路中,已知电源线电压有效值为 380 V,若负载作三角形连接,负载相电压为(　　　)。

4.2.5　负载的连接方法有(　　　)和(　　　)两种。

4.2.6　对称电路中,负载按三角形接线,线电流滞后于相应的相电流(　　　)°。

4.2.7　有一电源为三角形连接,而负载为星形连接的对称三相电路,已知电源相电压为 220 V,每相负载的阻抗为 10 Ω,则负载的相电压为(　　　),线电流为(　　　)。

4.2.8　若要求三相负载中各相电压均为电源线电压,则负载应接成(　　　)。

4.2.9　一个阻抗为 100 Ω 的对称三相负载接成三角形,接到线电压为 380 V 的对称三相电源上,线电流为(　　　)。

4.2.10　三相对称负载三角形连接时,线电压最大值是相电压有效值的(　　　)倍。

二、判断题

4.2.11　三相负载三角形连接时,当负载对称时,线电压是相电压的$\sqrt{3}$倍。　　(　　　)

4.2.12　三相三线制电路中,三个相电流之和必等于零。　　(　　　)

4.2.13　在三相电路中,电源、线路、负载只要有一个不对称,其电路就称为不对称三相电路。　　(　　　)

4.2.14　两相线间的电压叫相电压。　　(　　　)

4.2.15　三相负载△形连接时,无论负载对称与否,线电压必定是相电压的$\sqrt{3}$倍。(　　　)

4.2.16　对称三相负载是指三相负载的阻抗完全相等。　　(　　　)

4.2.17　对称三相负载△形连接时,线电流等于相电流。　　(　　　)

4.2.18　三相负载作三角形连接时,总有 $I_1 = \sqrt{3}I_P$ 成立。　　(　　　)

4.2.19　若要求三相负载中各相电压均为电源线电压,则负载应接成三角形连接。
(　　　)

4.2.20　对称三相交流电路,三相负载为 Y 连接,当电源电压不变而负载换为△连接时,三相负载的相电流应增大。　　(　　　)

三、选择题

4.2.21　不对称三相电路中,中性线的电流是(　　　)。

(A)0　　　　　　　　(B)$I_U$　　　　　　　　(C)$I_U + I_V$　　　　　　　　(D)$I_U + I_V + I_W$

4.2.22　三相负载△形连接时,无论负载对称与否,线电压必定是相电压的(　　　)。

(A)$\sqrt{3}$ 倍　　　　(B)相同　　　　　(C)$\sqrt{2}$ 倍　　　　(D)1.5 倍

4.2.23　在负载为三角形连接的三相对称电路中,线电流滞后相电流的相角为(　　　)。

(A)120°　　　　(B)60°　　　　(C)30°　　　　(D)0°

4.2.24　一个阻抗为 100 Ω 的对称三相负载接成三角形,接到线电压为 380 V 的对称三相电源上,线电流为(　　　)。

(A)3.8 A　　　　(B)2.2 A　　　　(C)6.58 A　　　　(D)22 A

4.2.25　三相对称负载三角形连接时,线电压最大值是相电压有效值的(　　　)。

（A）1　　　　　（B）$\sqrt{3}$　　　　　（C）$\sqrt{2}$　　　　　（D）$\dfrac{1}{\sqrt{3}}$

4.2.26　三相对称负载三角形连接时,线电流和相电流的关系是（　　）。

（A）线电流就是相电流　　　　　　　　（B）线电流是相电流的$\sqrt{3}$倍

（C）线电流在相位上超前相应的相电流30°　（D）线电流与相电流同相

4.2.27　三相负载△形连接时,无论负载对称与否,线电压必定是相电压的（　　）。

（A）$\sqrt{3}$倍　　　　　（B）相同　　　　　（C）$\sqrt{2}$倍　　　　　（D）2倍

4.2.28　已知对称三相三角形连接电源的相电流的$\dot{I}_{\mathrm{AB}}=10\angle 90°$,则相电流$\dot{I}_{\mathrm{BC}}$为（　　）。

（A）$10\angle 90°$　　　（B）$10\angle -30°$　　　（C）$10\sqrt{3}\angle -150°$　　　（D）$10\sqrt{3}\angle -60°$

4.2.29　已知对称三相三角形连接电源的相电流的$\dot{I}_{\mathrm{AB}}=10\angle 90°$,则线电流$\dot{I}_{\mathrm{C}}$为（　　）。

（A）$10\sqrt{3}\angle 90°$　　　（B）$10\angle 60°$　　　（C）$10\angle -150°$　　　（D）$10\sqrt{3}\angle 180°$

4.2.30　三角形连接的供电方式为三相三线制,在三相电动势对称的情况下,三相电动势相量之和等于（　　）。

（A）0　　　　　（B）$E$　　　　　（C）$2E$　　　　　（D）$3E$

四、计算题

4.2.31　在如图4.2.3（A）所示的三相对称电路中,已知电源的线电压$u_{\mathrm{AB}}=380\sqrt{2}\sin(\omega t+30°)$ V,每相负载阻抗一样,即$Z_P=20\angle 45°$。试求出各相负载的瞬时电流。

4.2.32　一不对称三相Y连接负荷,$Z_{\mathrm{A}}=220$ Ω,$Z_{\mathrm{B}}=\mathrm{j}220$ Ω,$Z_{\mathrm{C}}=-\mathrm{j}220$ Ω,接于$\dot{U}_{\mathrm{A}}=220\angle 0°$ V的对称Y连接的电源上,求中点电压$\dot{U}_{\mathrm{N''N}}$。

4.2.33　有一三角形连接的对称三相负载,每相电阻$R_P=6$ Ω,感抗$X_L=8$ Ω,电源电压对称,已知$u_{\mathrm{UV}}=380\sqrt{2}\sin(\omega t+30°)$ V,试写出各个线电流的表达式。

五、问答题

4.2.34　某一三层楼房,由三相四线制电路供电,每相供一层楼。突然第二层和第三层的电灯都暗淡下来,且第三层比第二层更暗,而第一层电灯亮度不变。试问电路发生了什么故障? 画出电路图。

# 4.3

一、填空题

4.3.1　对称三相电路的有功功率$P=UI\cos\varphi$,其中$\varphi$角为（　　）与（　　）的夹角。

4.3.2　对称三相电路的有功功率计算公式为（　　）。

4.3.3    在对称三相电路中,如果有功功率是 80 W,无功功率为 60 var,则视在功率是 (    ) VA。

4.3.4    在对称三相电路中,如果有功功率是 80 W,视在功率是 100 VA,则无功功率为 (    ) var。

4.3.5    某三相变压器二次侧的电压是 6 000 V,电流是 20 A,已知功率因数 $\cos \varphi = 0.866$,问这台变压器的无功功率为(    ) kvar、视在功率为(    ) kVA。

4.3.6    有一对称三相负载成星形连接,每相阻抗均为 22 Ω,功率因数为 0.8,又测出负载中的电流为 10 A,那么三相电路的有功功率为(    ) W,无功功率为(    ) var。

4.3.7    有一 Y 连接的对称三相电路,已知:$\dot{I}_A = 5 \angle 30° A$,$\dot{U}_{AB} = 380 \angle 90° V$,则该电路中功率因数为(    ),三相总功率 $P$ 为(    ) W。

4.3.8    一个对称三相负载,每相的电阻 $R = 8$ Ω,感抗 $X_L = 6$ Ω,接成三角形,接到线电压为 380 V 的对称三相电源上,三相负载总有功功率为(    )。

二、判断题

4.3.9    在对称三相电路中,如果有功功率是 80 W,视在功率是 100 VA,则无功功率为 50 var。                                                                    (    )

4.3.10    在同一电源作用下,同一对称三相负载作三角形连接时的总功率是星形连接时的 $\sqrt{3}$ 倍。                                                        (    )

4.3.11    对称三相电路在任一瞬间三个负载的功率之和都为零。          (    )

4.3.12    三相交流电路中,三相瞬时功率等于每相瞬时功率之和。        (    )

4.3.13    三相交流电路中,三相视在功率等于每相视在功率之和。        (    )

4.3.14    对称三相负荷的功率因数就是一相负荷的功率因数。            (    )

4.3.15    在相同的电源作用下,负载采用三角形接法和星形接法消耗的功率相同。
                                                                    (    )

三、选择题

4.3.16    功率表在接线时,正负的规定是(    )。

(A)电流有正负,电压无正负            (B)电流无正负,电压有正负

(C)电流、电压均有正负                (D)电流、电压均无正负。

4.3.17    当仪表接入线路时,仪表本身(    )。

(A)消耗很小功率                      (B)不消耗功率

(C)消耗很大功率                      (D)送出功率

4.3.18    在同一电源作用下,同一对称三相负载作三角形连接时的总功率是星形连接时的(    )倍。

(A)$\sqrt{3}$        (B)3        (C)1        (D)$\sqrt{2}$

4.3.19    测量三相交流电路的功率有很多方法,其中三瓦计法是测量(    )电路的功率。

(A)三相三线制电路                    (B)对称三相三线制电路

（C）三相四线制电路　　　　　　　　　　　（D）以上都不是

4.3.20　对称三相电路的功率因数角可以是（　　　）。

（A）线电压与线电流相量的夹角　　　　　　（B）相电压与对应相电流相量的夹角

（C）三相负载阻抗角之和　　　　　　　　　（D）一相负载的阻抗角

4.3.21　在三相交流电路中，下列结论中错误的是（　　　）。

（A）三相交流电路中，三相视在功率等于每相视在功率之和

（B）三相交流电路中，三相有功功率等于每相有功功率之和

（C）三相交流电路中，三相无功功率等于每相无功功率之和

（D）三相交流电路中，三相瞬时功率等于每相瞬时功率之和

4.3.22　对称三相电路中，如果有功功率是 $P$，无功功率 $Q$，则视在功率为（　　　）。

（A）$P+Q$　　　　（B）$P-Q$　　　　（C）$\sqrt{P^2+Q^2}$　　　　（D）$Q-P$

4.3.23　对称三相交流电路中，三相负载为 △ 连接，当电源电压不变，而负载变为 Y 连接时，对称三相负载所吸收的功率（　　　）。

（A）减小　　　　（B）增大　　　　（C）不变　　　　（D）不确定

4.3.24　负载接成三角形连接的三相电路，若每相负载的有功功率为 30 W，则三相有功功率为（　　　）。

（A）0 W　　　　（B）$30\sqrt{3}$ W　　　　（C）90 W　　　　（D）$90\sqrt{3}$ W

4.3.25　一个对称三相负载，每相的电阻 $R=8$ Ω，感抗 $X_L=6$ Ω，各相负载的功率因数为（　　　）。

（A）0.75　　　　（B）0.8　　　　（C）0.6　　　　（D）1.33

4.3.26　一个对称三相负载，每相的电阻 $R=8$ Ω，感抗 $X_L=6$ Ω，接成星形，接到线电压为 380 V 的对称三相电源上，三相负载总有功功率为（　　　）。

（A）11.6 kW　　　　（B）20.1 kW　　　　（C）34.7 kW　　　　（D）45.8 kW

四、问答题

4.3.27　对称三相电路的有功功率公式 $P=\sqrt{3}\,UI\cos\varphi$ 中，$\varphi$ 是线电压和线电流的相位差，还是相电压与相电流的相位差？

4.3.28　负荷不对称的三相四线制电路能用两表法测量功率吗？为什么？

五、计算题

4.3.29　三相对称负载，每相的电阻 $R_P=6$ Ω，感抗 $X_L=8$ Ω，三相对称电源的线电压 $U_L=380$ V。求将三个单相负载分别接成星形及三角形时的总功率 $P_Y$、$P_\triangle$。

4.3.30　有一台三相电动机，其绕组接成三角形，铭牌值为：$U=380$ V，$P=7.5$ kW，功率因数 $\lambda=0.8$，效率 $\eta=0.95$。试求额定情况下电动机的线电流和相电流。

4.3.31　某三相变压器的二次侧电压 400 V，电流是 250 A，已知功率因数 $\cos\varphi=0.866$，求这台变压器的有功功率 $P$、无功功率 $Q$ 和视在功率 $S$ 各是多少。

4.3.32　某三相变压器二次侧的电压是 6 000 V，电流是 20 A，已知功率因数 $\cos\varphi=0.866$，问这台变压器的有功功率、无功功率和视在功率各是多少？

# 参考文献

[1] 邱关源. 电路[M]. 5 版. 北京:高等教育出版社,2012.

[2] 孙爱东,李翔. 电工技术及应用[M]. 北京:中国电力出版社,2014.

[3] 周南星. 电工基础[M]. 北京:中国电力出版社,2011.

[4] 王世才. 电工基础[M]. 北京:中国电力出版社,2010.

[5] 赵红顺. 电工基础[M]. 2 版. 北京:中国电力出版社,2014.